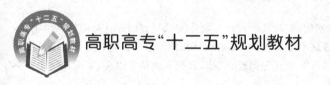

高职高专"十二五"规划教材

电子产品设计与制作

主　编　尹全杰　卢孟常

副主编　杨代民　李　涛

U0316147

北京航空航天大学出版社

内 容 简 介

本书选择了稳压电源的设计与制作、扩音机的设计与制作和数字钟的设计与制作三个项目，用 9 个工作任务由浅入深、循序渐进地阐述了电子产品的设计与制作过程。内容涉及了电子产品的电路设计、原理图绘制、电路仿真、PCB 设计与制作、焊接、装配与调试等内容，着重让学生了解电子产品从设计到制作的整个过程。

全书采用"按需讲解"的方式进行内容编排，书中涉及软件使用、电路分析和实操动手等诸多内容，考虑到篇幅，本书不能全部做到详细讲述，重点放在项目设计和制作完成的过程上。

图书在版编目(CIP)数据

电子产品设计与制作 / 尹全杰，卢孟常主编. — 北京 ：北京航空航天大学出版社，2015.2
ISBN 978 - 7 - 5124 - 1656 - 7

Ⅰ.①电… Ⅱ.①尹… ②卢… Ⅲ.①电子工业-产品-设计-高等学校-教材 ②电子工业-产品-生产工艺-高等学校-教材 Ⅳ.①TN602②TN605

中国版本图书馆 CIP 数据核字(2014)第 299533 号

电子产品设计与制作

主 编 尹全杰 卢孟常
副主编 杨代民 李 涛
责任编辑 金友泉

*

北京航空航天大学出版社出版发行

北京市海淀区学院路 37 号(邮编 100191) http://www.buaapress.com.cn
发行部电话:(010)82317024 传真:(010)82328026
读者信箱:goodtextbook@126.com 邮购电话:(010)82316936
涿州市新华印刷有限公司印装 各地书店经销

*

开本:710×1 000 1/16 印张:13.75 字数:293 千字
2015 年 2 月第 1 版 2015 年 2 月第 1 次印刷 印数:3 000 册
ISBN 978 - 7 - 5124 - 1656 - 7 定价:28.00 元

前　　言

　　目前,我国职业教育改革正逐步深入,而教材建设是教学改革的重要内容之一。本书在编写过程中始终围绕职业教育改革的基本理念,注重"实践能力"的培养,采用"任务驱动"的教学模式,选择三个典型电子产品作为载体,用9个工作任务由浅入深、循序渐进地阐述了电子产品的设计与制作过程。内容涉及电子产品的电路设计、原理图绘制、电路仿真、PCB设计与制作、焊接、装配与调试等内容,着重让学生了解电子产品从设计到制作的整个过程。本书具有如下特点:

　　1. 不同于一般的教材。本书摒弃了冗长枯燥的大段文字叙述,而采用大量图片,用图解的方式来进行讲解,使得枯燥无味的阅读过程变得简单直观,通俗易懂,非常便于职业教育群体读者的阅读和理解。同时,书中丢掉了大段的理论分析,重点突出动手能力,充分体现了职业教育以实践能力培养为导向的理念。

　　2. 不同于传统教材的内容编排。本书采用项目教学和典型工作任务的模式来展开,一个项目下设若干个任务,通过任务的方式将需要的内容进行讲解。本书选择了稳压电源的设计与制作、扩音机的设计与制作和数字钟的设计与制作三个项目,采用"按需讲解"的方式进行编排,全书重点放在电路设计和制作完成的过程上,突出教学一体化和理实一体化。

　　3. 本书突出动手能力,使得内容实用、致用。书中在对理论内容进行阐述的同时,也穿插大量实操内容,包含了电子元器件的识别与检测、手工焊接技术、电子产品手工装配技术和电路板手工制作技术等内容,使得学生在完成"项目任务"的学习过程中充满乐趣。

　　本书由贵州航天职业技术学院尹全杰、卢孟常、杨代民和四川航天职业技术学院的李涛编写,尹全杰和卢孟常担任主编。具体分工如下:尹全杰编写了本书的项目三并负责全书的统稿,卢孟常编写了项目一和项目二,杨代民编写了任务5.2和附录4和附录5,李涛编写了附录1～3。本书在编撰的过程中得到了郭丽丽等老师的帮助,得到了贵州航天职业技术学院电子工程系的大力支持,在此表示感谢。

　　由于作者水平有限,加之时间仓促,书中难免有错误和不足之处,敬请读者批评指正。

编　者

2014 年 11 月

目　　录

项目一　直流稳压电源的设计与制作

电源是任何电子产品都不可缺少的重要组成部分。电源有交流与直流之分。对于人们实际生活中使用的大多数电子产品而言,其电路供电多为直流电源,图 1-1 所示是直流电源在众多电子产品中应用的一些典型例子。

本项目通过一款简单的串联稳压电源的设计与制作,帮助读者较全面地掌握串联稳压电源的理论知识和动手操作方面的内容。

图 1-1　直流稳压电源在生活中的应用

任务1　直流稳压电源的设计

【任务导读】

本任务系统讲解了直流稳压电源的组成、主要性能指标以及工作原理。

通过分立式串联稳压电源和集成可调式串联稳压电源的电路分析,着重介绍线性串联稳压电源电路的组成,各元器件参数的计算与电路的设计方法。同时,还简单介绍了开关电源的工作原理。

1.1　直流稳压电源的工作原理

除了由化学电池供给的直流电源外,直流电源的获得通常是将电网中的交流电压经过整流滤波电路转换成所需的直流电流或电压。但是,由于电力输配设施的老化以及设计不良和供电不足等原因造成交流电网电压并不十分稳定,不稳定的电压会对电子设备造成致命伤害或误动作,同时加速设备的老化,影响使用寿命甚至烧毁元件。因此,对于经交流电网整流滤波所获得的直流电进行稳压是非常重要的。直流稳压电源按习惯可分为线性稳压电源和开关型稳压电源。

1.1.1　线性直流稳压电源

1. 线性直流稳压电源的组成

线性直流稳压电源的组成是由变压、整流、滤波和稳压四大部分组成,如图 1 - 2 所示。

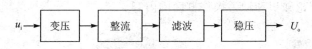

图 1 - 2　线性直流稳压电源组成框图

（1）变　　压

一般是将工频交流电压变成所需的直流电压。变压通常是由变压器完成,在电子产品中,变压器多用来作降压。也可采用在电路中串联一只电容,由其产生的容抗来限制最大工作电流,从而达到降压的目的。

（2）整　　流

将交流电压变成脉动直流电(方向不变,但大小随时间变化的直流电)。整流电路有半波整流、全波整流和桥式整流等。

（3）滤　　波

将脉动直流电压中的交流成分滤除,得到直流电压。通常采用的滤波电路有电容滤波、电感滤波和复合滤波等。

（4）稳　　压

将滤波电路输出的直流电压稳定,使之在输入电压、负载、环境温度和电路参数等发生变化时仍能保持稳定的输出电压。常见的线性直流稳压电路有稳压管稳压和串联调整式稳压等,图 1 - 3 所示是典型的串联调整式稳压电源的组成结构。

2. 直流稳压电源的主要技术指标

（1）额定负载电流

额定负载电流是指稳压电源所允许输出的最大电流,当超过额定负载电流时,会导致器件损坏。

（2）纹波电压

纹波电压是指叠加在输出电压上的交流分量,常采用峰—峰值表示,一般为几毫伏(mV)到几十毫伏(mV),也可以用有效值表示。

（3）电源内阻

电源内阻是指在输入电压不变的情况下,输出电压的变化量与负载电流的变化

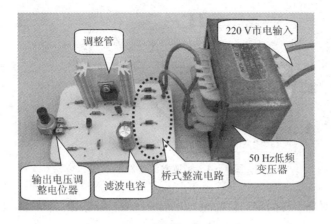

图 1 - 3　串联调整式稳压电源

量之比。电源内阻越大,当负载电流增大时,在内阻上的压降增大,输出电压就要明显地下降,这样,电源带负载的能力就越弱。因此,要求稳压电源的内阻越小越好。稳压电源的内阻一般为几毫欧(mΩ)到几十毫欧(mΩ)。

（4）稳定度

稳定度是指当各种不稳定因素发生变化时,对输出直流电压的影响,一般用输出电压变化的百分率来表示,它又分为电压稳定度和负载稳定度。

电压稳定度,又称电压调整率。它是表征当输入电压变化时稳压电源输出电压的稳定程度;是指在负载电阻不变的情况下,输入电压的相对变化引起输出电压的相对变化,即在电网电压变动±10%的情况下测出输出电压的变化量。

负载稳定度,又称负载调整率。它是表征当输入电压不变时,稳压电源对由于负载电流(输出电流)变化而引起的输出电压脉动的抑制能力。在规定的负载电流变化值条件下,通常以单位输出电压下的输出电压变化值的百分率表示,或以输出电压变化的绝对值表示。

3. 整流电路

整流电路通常是利用二极管的单向导电性,将交流电压变成脉动直流电,下面介绍几种较常用的整流电路。

（1）半波整流

半波整流电路和波形如图 1 - 4 所示。其工作原理如下:

当 u_2 为正半周时,二极管 D 承受正向电压而导通。此时有电流流过负载,并且和二极管上的电流相等,即 $i_o = i_D$。忽略二极管的电压降,则负载两端的输出电压等于变压器副边电压,即 $u_o = u_2$,输出电压 u_o 的波形与 u_2 相同。

当 u_2 为负半周时,二极管 D 承受反向电压而截止。此时负载上无电流流过,输出电压 $u_o = 0$,变压器副边电压 u_2 全部加在二极管 D 上。

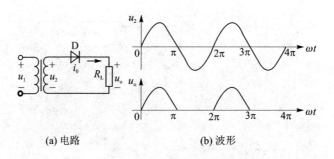

(a) 电路　　　　　　　　　　(b) 波形

图 1-4　半波整流电路和波形

单相半波整流电压的平均值为：$U_\circ = \dfrac{1}{2\pi}\displaystyle\int_0^\pi \sqrt{2}U_2\sin\omega t\,\mathrm{d}(\omega t) = \dfrac{\sqrt{2}}{\pi}U_2 = 0.45U_2$。

流过负载电阻 R_L 的电流平均值为：$I_\circ = \dfrac{U_\circ}{R_L} = 0.45\dfrac{U_2}{R_L}$。

流经二极管的电流平均值与负载电流平均值相等，即：$I_D = I_\circ = 0.45\dfrac{U_2}{R_L}$。

二极管截止时承受的最高反向电压为 u_2，其最大值是 $U_{RM} = U_{2M} = \sqrt{2}U_2$。

半波整流电路虽然具有电路简单，元件少的优点，但是交流电压只有半个周期得到利用，因而一般在电流较小、整流要求不高的电路中使用。

（2）桥式整流

桥式整流电路及波形如图 1-5 所示，它因用 4 只二极管接成一个电桥的形式而得名。为作图方便，常将桥式整流电路画成图(b)的简化形式。

其工作原理如下：

u_2 为正半周时，a 点电位高于 b 点电位，二极管 D_1、D_3 承受正向电压而导通，D_2、D_4 承受反向电压而截止。此时电流的路径为：$a \rightarrow D_1 \rightarrow R_L \rightarrow D_3 \rightarrow b$，如图中实线箭头所示。

u_2 为负半周时，b 点电位高于 a 点电位，二极管 D_2、D_4 承受正向电压而导通，D_1、D_3 承受反向电压而截止。此时电流的路径为：$b \rightarrow D_2 \rightarrow R_L \rightarrow D_4 \rightarrow a$，如图中虚线箭头所示。

桥式整流电压的平均值为：$U_\circ = \dfrac{1}{\pi}\displaystyle\int_0^\pi \sqrt{2}U_2\sin\omega t\,\mathrm{d}(\omega t) = 2\dfrac{\sqrt{2}}{\pi}U_2 = 0.9U_2$。

流过负载电阻 R_L 的电流平均值为：$I_\circ = \dfrac{U_\circ}{R_L} = 0.9\dfrac{U_2}{R_L}$。

流经每个二极管的电流平均值为负载电流的一半，即：$I_D = \dfrac{1}{2}I_\circ = 0.45\dfrac{U_2}{R_L}$。

每个二极管在截止时承受的最高反向电压为 u_2，其最大值是 $U_{RM} = U_{2M} = \sqrt{2}U_2$。

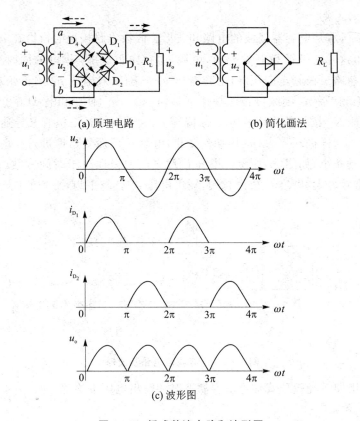

(a) 原理电路　　　　　　　(b) 简化画法

(c) 波形图

图 1-5　桥式整流电路和波形图

　　桥式整流电路是一种全波整流方式,充分利用了交流电压的正负两个半波,因而效率高,是目前较普遍采用的一种整流形式。

　　(3) 全波整流

　　全波整流电路如图 1-6 所示。从图中可以看出,这种形式需要变压器有一个使两个次级完全对称的中心抽头,这使得变压器的制作工艺变得复杂。另外,在这种电路中,每只整流二极管承受的最大反向电压是变压器次级电压最大值的两倍,因

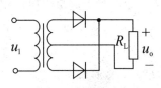

图 1-6　全波整流电路

此需用能承受较高电压的二极管。目前,这种整流形式很少采用,已被桥式整流电路所代替。

　　4. 滤波电路

　　经过整流后输出的电流和电压都是脉动的,既含直流成分也含交流成分。要得到纯净的直流电,就需要将电路中的交流成分滤除掉,滤波电路就是为此而设立的。

（1）电容滤波

图 1-7 所示是电容器滤波的电路和波形。假设电路接通时恰恰在 u_2 由负到正过零的时刻,这时二极管 D 开始导通,电源 u_2 在向负载 R_L 供电的同时又对电容 C 充电。如果忽略二极管正向压降,电容电压 u_C 紧随输入电压 u_2 按正弦规律上升至 u_2 的最大值。然后 u_2 继续按正弦规律下降,且 $u_2 < u_C$,使二极管 D 截止,而电容 C 则对负载电阻 R_L 按指数规律放电。u_C 降至 u_2 大于 u_C 时,二极管又导通,电容 C 再次充电……。这样循环下去,u_2 周期性变化,电容 C 周而复始地进行充电和放电,使输出电压脉动减小,如图(b)所示。电容 C 放电的快慢取决于时间常数($\tau = R_L C$)的大小,时间常数越大,电容 C 放电越慢,输出电压 u_o 就越平坦,平均值也越高。

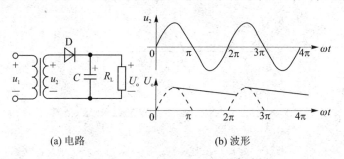

(a) 电路   (b) 波形

图 1-7　电容滤波电路及波形

一般常用如下经验公式估算电容滤波时的输出电压平均值,即:

半波:$U_o \approx u_2$

全波或桥式:$U_o \approx 1.2u_2$

由上述分析可知,滤波电容 C 越大,对交流的旁路作用就越强,滤波效果就越好。通常选:$C > (3 \sim 5)/R_L f$,式中 f 是整流电路输出信号的脉动频率,T 是它的周期,$T = \dfrac{1}{f}$。对半波整流而言,$f = 50$ Hz;对全波或桥式整流,$f = 100$ Hz。滤波电容 C 一般选择容量大的铝电解电容。应注意,普通电解电容器有正、负极性,使用时正极必须接高电位端,如果接反会造成电解电容器的损坏。

（2）电感滤波

图 1-8 所示是电感滤波电路。电感滤波适用于负载电流较大的场合,它的缺点是制做复杂、体积大、笨重且存在电磁干扰。

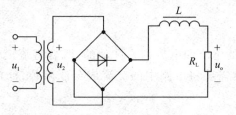

图 1-8　电感滤波电路

（3）复合滤波

图 1-9 所示是几种典型的复合滤波电路。

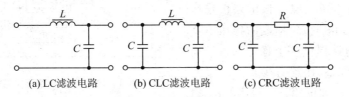

(a) LC滤波电路　　　(b) CLC滤波电路　　　(c) CRC滤波电路

图 1-9　复合滤波电路

　　LC、CLCπ型滤波电路适用于负载电流较大，要求输出电压脉动较小的场合。在负载电流较小时，经常采用电阻替代笨重的电感，构成 CRCπ 型滤波电路，同样可以获得脉动很小的输出电压。但电阻对交、直流均有压降和功率损耗，故只适用于负载电流较小的场合。

5. 直流稳压电路

（1）稳压管稳压电路

　　图 1-10 所示为一个基本的稳压管稳压电路，其稳压核心元件是一个稳压二极管 D_Z，电路工作原理如下：

　　当输入电压 U_i 波动时会引起输出电压 U_o 的波动。如 U_i 升高将引起 U_o 随之升高，导致稳压管的电流 I_Z 急剧增加，使得电阻 R 上的电流 I 和电压 U_R 迅速增大，从而使 U_o 基本上保持不变。反之，当 U_i 减小时，U_R 相应减小，仍可保持 U_o 基本不变。

　　当负载电流 I_o 发生变化引起输出电压 U_o 发生变化时，同样会引起 I_Z 的相应变化，使得 U_o 保持基本稳定。如当 I_o 增大时，I 和 U_R 均会随之增大使得 U_o 下降，这将导致 I_Z 急剧减小，使 I 仍维持原有数值保持 U_R 不变，使得 U_o 得到稳定。

（2）串联型稳压电路

　　串联型稳压电路是最常用的一种线性稳压电源电路结构形式，图 1-11 所示为一个输出电压可在一定范围连续可调的负反馈串联型稳压电路。

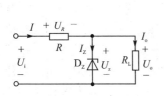

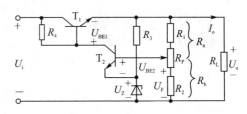

图 1-10　稳压管稳压电路　　　　　**图 1-11　串联型稳压电路**

　　该电路的组成方框图如图 1-12 所示，其电路组成部分与作用如下：

　　① 取样电路　该电路由 R_1、R_P、R_2 组成的分压电路构成，它将输出电压 U_o 分

出一部分作为取样电压 U_F，送到比较放大环节。

② 基准电压电路　该电路由稳压二极管 D_Z 和电阻 R_3 构成的稳压电路组成，它为电路提供一个稳定的基准电压 U_Z，作为调整、比较的标准。

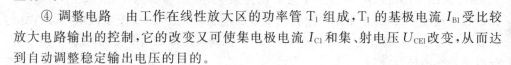

图 1-12　串联型稳压电路框图

③ 比较放大电路　由 T_2 和 R_4 构成的直流放大器组成，其作用是将取样电压 U_F 与基准电压 U_Z 之差放大后去控制调整管 T_1。

④ 调整电路　由工作在线性放大区的功率管 T_1 组成，T_1 的基极电流 I_{B1} 受比较放大电路输出的控制，它的改变又可使集电极电流 I_{C1} 和集、射电压 U_{CE1} 改变，从而达到自动调整稳定输出电压的目的。

其电路工作原理如下：

当输入电压 U_i 或输出电流 I_o 变化引起输出电压 U_o 增加时，取样电压 U_F 相应增大，使 T_2 管的基极电流 I_{B2} 和集电极电流 I_{C2} 随之增加，T_2 管的集电极电位 U_{C2} 下降，因此 T_1 管的基极电流 I_{B1} 下降，使得 I_{C1} 下降，U_{CE1} 增加，U_o 下降，使 U_o 保持基本稳定。同理，

$$U_o\uparrow \rightarrow U_F\uparrow \rightarrow I_{B2}\uparrow \rightarrow I_{C2}\uparrow \rightarrow U_{C2}\downarrow \rightarrow I_{B1}\downarrow \rightarrow U_{CE1}\uparrow$$
$$U_o\downarrow \longleftarrow$$

当 U_i 或 I_o 变化使 U_o 降低时，调整过程相反，U_{CE1} 将减小使 U_o 保持基本不变。从上述调整过程可以看出，该电路是依靠电压负反馈来稳定输出电压的。

（3）集成稳压电路

集成稳压电路主要有两种，一种输出电压是固定的，称为固定输出三端稳压器，另一种输出电压是可调的，称为可调输出三端稳压器，其基本原理相同，均采用串联型稳压电路。集成稳压器具有体积小、使用方便、工作可靠等特点，目前，电子产品中常使用固定输出三端稳压器。

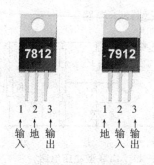

图 1-13　两种三端稳压器的引脚方位图

常用的固定三端稳压器有"78"系列和"79"系列两种。其中，"78"系列输出的是正电源。而"79"系列输出的是负电源，"78"和"79"后面所跟数字表示输出的电压值，如："7812"表示输出正 12 V 电压；"7912"表示输出负 12 V 电压。其外形及引脚功能如图 1-13 所示。此外，其输出电流常以 78（或 79）后面加字母来区分。"L"表示 0.1 A，"M"表示 0.5 A，无字母表示 1.5 A。

① 固定电压输出基本电路　图 1-14 所示是典型的两种采用固定电压输出三

端稳压器的基本电源电路。一般 C_1 采用大容量电解电容,而 C_2 采用无极性的小容量电容,容量取值一般常采用 $0.1\ \mu F$、$0.33\ \mu F$ 等。要注意的是,为保证三端稳压器能正常工作,其输入与输出端最少要保证 3 V 以上的电压差,例如"7805",该三端稳压器的固定输出电压是 5 V,而输入电压至少大于 8 V。

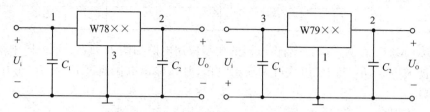

图 1-14　两种固定输出三端稳压器

② 固定正、负电压双组输出电源电路　图 1-15 所示是带正、负电压输出的电源电路。这种电路需要变压器有两个对称的次级绕组,中心抽头接地,注意两个电解电容的正负极不要接反。

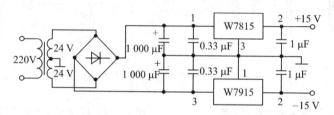

图 1-15　带正、负电压输出的电源电路

③ 可调式三端集成稳压器　可调式三端集成稳压器可以通过改变可调端实现输出电压在一定范围内变化。它的三个端子分别为输入端 U_i,输出端 U_o,可调端 ADJ。可调式三端稳压器同样分为正电压输出和负电压输出两种,如 1-16 所示是两种稳压器的外形及引脚功能图。根据输出电流的不同,其型号也不同,常用的可调式三端稳压型号如表 1-1 所列。

表 1-1　可调式三端稳压器分类

类　型	产品系列或型号	最大输出电流 I_{OM}/A	输出电压 U_o/V
正电压输出	LM117L/217L/317L	0.1	1.2～37
	LM117M/217M/317M	0.5	1.2～37
	LM117/217/317	1.5	1.2～37
	LM150/250/350	3	1.2～33
	LM138/238/338	5	1.2～32
	LM196/396	10	1.25～15

类 型	产品系列或型号	最大输出电流 I_{OM}/A	输出电压 U_o/V
负电压输出	LM137L/237L/337L	0.1	-1.2~-37
	LM137M/237M/337M	0.5	-1.2~-37
	LM137/237/337	1.5	-1.2~-37

以 LM317 为例,可调三端稳压器的典型应用电路如图 1-17 所示。图中,C_1 和 C_2 为滤波电容,R_1 和 R_2 组成可调输出电压网络,输出电压经过 R_1 和 R_2 分压加到 ADJ 端。

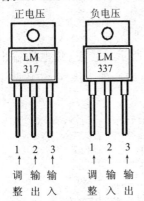

图 1-16 两种三端可调稳压引脚图

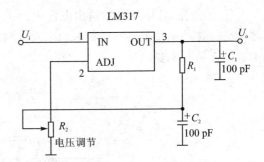

图 1-17 可调三端稳压器的应用电路

其输出电压为:$U_o = U_{REF}(1 + R_2/R_1)$ V,其中 $U_{REF} = 1.25$ V。R_2 为可调电阻,当 R_2 变化时,U_o 可在 1.25~37 V 之间连续可调。

1.1.2 开关直流稳压电源

开关电源的运用极为广泛,家庭常用的电器电路中几乎都可以看到它的身影。小到充电器、电动剃须刀,大到电脑电源、电磁炉、电视机、影碟机等几乎一律采用开关电源,图 1-18 所示为几种常见的开关电源。相对线性稳压电源而言,开关电源具有体积小,重量轻,节约材料(开关电源所用变压器重量只有线性稳压电源的十分之一)稳压范围宽等优点。它和线性电源的根本区别在于它的工作频率不再是工频,而是在几十千赫兹到几兆赫兹之间,其功率管不是工作在放大区而是饱和及截止区即开关状态,开关电源因此而得名。

开关电源的种类较多,按照分类方式的不同其种类也不同。一般地,按控制方式分可分为固定脉冲频率调宽式(PWM)、固定脉冲宽度调频式(PFM)和脉冲宽度频率混调式(PWM 调制是普遍采用的方式,而其他两种调制方式因电路复杂,现已极少采用);按激励方式分可分为自激式和它激式两种,此外,还有按与负载的连接方式分、按变换电路分等好几种不同分类。

开关电源大致是由输入电路、变换器、控制电路、输出电路四个主体组成。如果

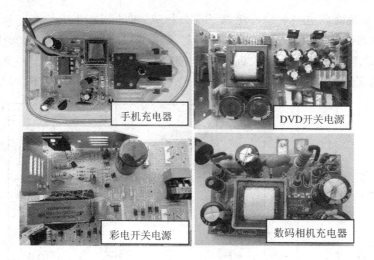

图 1 - 18 各种类型的开关电源电路

细致划分,它包括:输入滤波、输入整流滤波、开关电路、取样电路、比较放大、振荡器、输出整流滤波等,图 1 - 19 所示是较典型开关电源的组成方框图。其工作原理是:220 V 市电输入后直接经整流滤波变成 300 V 左右的直流电,通过高频 PWM 信号控制开关管,将直流加到开关变压器初级上,开关变压器次级感应出高频电压,经整流滤波供给负载,输出部分通过一定的电路反馈给控制电路,控制 PWM 占空比,以达到稳定输出的目的。交流电源输入时一般要经过扼流圈,过滤掉电网上的干扰,同时也过滤掉电源对电网的干扰;在功率相同时,开关频率越高,开关变压器的体积就越小,但对开关管的要求就越高;开关变压器的次级可以有多个绕组或一个绕组有多个抽头,以得到需要的输出;一般还应该增加一些保护电路,比如空载、短路等保护。

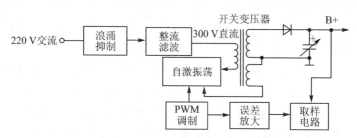

图 1 - 19 开关电源的组成框图

1.2 线性串联稳压电源的设计

1.2.1 分立式可调线性串联稳压电源

连续可调的串联稳压电源可通过一个电位器方便地使电压在一定范围内连续可调,电路结构简单且性能稳定,非常适合于电子产品的制作、调试和小型电器的供电。

图 1 - 20 所示的电路是一个普遍采用的分立式可调线性串联稳压电源,分别由

变压电路、整流滤波电路和稳压电路三部分组成,可实现输出电压在一定范围内调整,稳压电路部分采用的是串联负反馈稳压电路。图中 T1 为降压变压器,完成 220 V电压的降压;$D_1 \sim D_4$ 构成桥式整流电路,C_1 和 C_3 均是滤波电容,完成波形的平滑,C_2 用来防止电路产生自激振荡,一旦发生自激振荡可由 C_2 将其旁路掉。

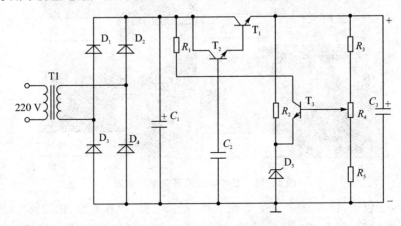

图 1 - 20　分立式可调线性串联稳压电源

稳压电路是整个电路的关键和核心部分,分别包括调整管、比较放大管、基准电压电路和取样电路。其中,调整管是由 T_1 和 T_2 组成的一个复合管,可增加输出电流,T_3 是比较放大管,R_2 和 D_5 构成基准电压电路,R_3、R_4 和 R_5 构成取样电路,其中,调整 R_4 的阻值可以改变输出电压的大小。

以设计一个分立式可调串联稳压电压为例,其要求参数为:

- 直流输出电压 U_o:6～15 V;
- 最大输出电流 I_o:500 mA;
- 电网电压变化±10%时,输出电压变化小于±1%。

1. 变压器部分

这一部分主要计算变压器 T1 的次级输出电压(U_{T1})和变压器的功率 P。

一般整流滤波电路有 2 V 以上的电压波动(设为 ΔU_D)。调整管 T_1 的管压降 $U_{T_1 CE}$ 应维持在 3 V 以上,才能保证调整管 T_1 工作在放大区。整流输出电压最大值为 15 V。桥式整流输出电压是变压器次级电压的 1.2 倍。当电网电压下降 10% 时,变压器次级输出的电压应能保证后续电路正常工作,那么变压器 T1 次级输出电压 $(U_{T1})_{o,min}$ 应该是:

$$(U_{T1})_{o,min} = (\Delta U_D + (U_{T1})_{CE} + (U_o)_{max}) \div 1.2 = (2\ V + 3\ V + 15\ V) \div 1.2 = $$
$$20\ V \div 1.2 = 16.67\ V$$

则变压器 T1 次级额定电压为:$(U_{T1})_o = (U_{T1})_{o,min} \div 0.9 = 16.67\ V \div 0.9 = 18.5\ V$

当电网电压上升 +10% 时,变压器 T1 的输出功率最大。这时稳压电源输出的最大电流 $(I_o)_{max}$ 为 500 mA。此时变压器次级电压 $(U_{T1})_{o,max}$ 为:

$(U_{T1})_{o,max} = (U_{T1})_{o} \times 1.1,$　　　　$(U_{T1})_{o,max} = 18.5 \text{ V} \times 1.1 = 20.35 \text{ V}$

变压器 T1 的所需功率为：

$$P_{T1} = (U_{T1})_{o,max} \times I_{o\,max} = 20.35 \text{ V} \times 500 \text{ mA} = 10.2 \text{ V} \cdot \text{A}。$$

为保证变压器留有一定的功率余量，确定变压器 T1 的额定输出电压为 18.5 V，额定功率为 12 V·A。

2. 整流部分

这一部分主要计算整流管的最大电流 $I_{D_1,max}$ 和耐压 $V_{D_1,RM}$。由于四个整流管 $D_1 \sim D_4$ 参数相同，所以只需要计算 D_1 的参数。

根据整流滤波电路计算公式可知，整流管 D_1 的最大整流电流为：

$$I_{D_1,max} = 0.5 \times I_o = 0.5 \times 500 \text{ mA} = 0.25 \text{ A}$$

考虑到取样和放大部分的电流，可选取最大电流 $I_{D_1,max}$ 为 0.3 A。

整流管 D_1 的耐压 $V_{D_1,RM}$ 在当市电上升 10% 时，D_1 两端的最大反向峰值电压为：

$$V_{D_1,RM} \approx 1.414 \times (U_{D_1})_{o,max} = 1.414 \times 1.1 \times (U_{D_1})_o \approx 1.555 \times (U_{D_1})_o \approx$$
$$1.555 \times 18.5 \text{ V} \approx 29 \text{ V}$$

得到这些参数后可以查阅有关整流二极管参数表，由此可以选择额定电流为 1 A、反向峰值电压 50 V 的 IN4001 作为整流二极管。

3. 滤波部分

这里主要计算滤波电容的电容量 C_1 和其耐压 V_{C_1} 值。

根据滤波电容选择条件公式可知滤波电容的电容量为 $(3 \sim 5) \times 0.5 \times T \div R$，一般系数取 5，由于市电频率是 50 Hz，所以 T 为 0.02 s，R 为负载电阻。

当最不利的情况下，即输出电压为 15 V，负载电流为 500 mA 时，C_1 为：

$$C_1 = 5 \times 0.5 \times T \div (U_o \div I_o) =$$
$$5 \times 0.5 \times 0.02 \text{ s} \div (15 \text{ V} \div 0.5 \text{ A}) \approx 1\,666 \text{ }\mu\text{F}$$

当市电上升 10% 时，整流电路输出的电压值最大，此时滤波电容承受的最大电压为：

$$V_{C_1} = (U_{T1})_{o,max} = 20.35 \text{ V}$$

实际上普通电容都是标准电容值，只能选取相近的容量，这里可以选择 2 200 μF 的铝质电解电容。而耐压可选择 25 V 以上，一般为留有余量并保证长期使用中的安全，可将滤波电容的耐压值选大一点，这里选择 35 V。

4. 调整部分

调整部分主要是计算调整管 T_1 和 T_2 的集电极－发射极反向击穿电压 $(BV_{T_1})_{CEO}$，最大允许集电极电流 $(I_{T_1})_{CM}$，最大允许集电极耗散功率 $(P_{T_1})_{CM}$。

在最不利的情况下，市电上升 10%，同时负载断路，整流滤波后的输出电压全部加到调整管 T_1 上，这时调整管 T_1 的集电极－发射极反向击穿电压 $(BV_{T_1})_{CEO}$ 为：

$$(BV_{T_1})_{CEO} = (U_{T_1})_{o,max} = 20.35 \text{ V}$$

考虑到留有一定余量,可取$(BV_{T_1})_{CEO}$为 25 V。

当负载电流最大时最大允许集电极电流 $I_{T_1,CM}$ 为:

$$I_{T_1,CM} = I_o = 500 \text{ mA}$$

考虑到放大取样电路需要消耗少量电流,同时留有一定余量,可取 $I_{T_1,CM}$ 为 600 mA。

这样最大允许集电极耗散功率 $P_{T_1,CM}$ 为:

$$P_{T_1,CM} = ((U_{T_1})_{o,max} - U_{o,min}) \times (I_{T_1})_{CM} =$$
$$(20.35 \text{ V} - 6 \text{ V}) \times 600 \text{ mA} = 8.61 \text{ W}$$

考虑到留有一定余量,可取 $P_{T_1,CM}$ 为 10 W。

查询晶体管参数手册后选择 3DD155A 作为调整管 T_1。该管参数为:$P_{CM} = 20 \text{ W}$,$I_{CM} = 1 \text{ A}$,$BV_{CEO} \geqslant 50 \text{ V}$,完全可以满足要求。如果实在无法找到 3DD155A 也可以考虑用 3DD15A 代替,该管参数为:$P_{CM} = 50 \text{ W}$,$I_{CM} = 5 \text{ A}$,$BV_{CEO} \geqslant 60 \text{ V}$。

选择调整管 T_1 时需要注意其放大倍数 $\beta \geqslant 40$。

调整管 T_2 各项参数的计算原则与 T1 类似,下面给出各项参数的计算过程。

$(BV_{T_2})_{CEO} = (BV_{T_1})_{CEO} = (U_{T_1})_{o,max} = 20.35 \text{ V}$

同样考虑到留有一定余量,取 $(BV_{T_2})_{CEO}$ 为 25 V。

$I_{T_2,CM} = I_{T_1,CM} \div \beta_{T_1} = 600 \text{ mA} \div 40 = 15 \text{ mA}$

$P_{T_2,CM} = ((U_{B1})_{o,max} - U_{o,min}) \times (I_{T_2})_{CM} =$
$(20.35 \text{ V} - 6 \text{ V}) \times 15 \text{ mA} = 0.215 \, 25 \text{ W}$

考虑到留有一定余量,可取 $(P_{T_2})_{CM}$ 为 250 mW。

查询晶体管参数手册后选择 3GD6D 作为调整管 T_2。该管参数为:$P_{CM} = 500 \text{ mW}$,$I_{CM} = 20 \text{ mA}$,$BV_{CEO} \geqslant 30 \text{ V}$,完全可以满足要求。还可以采用 9014 作为调整管 T_2,该管参数为:$P_{CM} = 450 \text{ mW}$,$I_{CM} = 100 \text{ mA}$,$BV_{CEO} \geqslant 45 \text{ V}$,也可以满足要求。

选择调整管 T_2 时需要注意其放大倍数 $\beta \geqslant 80$,则此时 T_2 所需要的最大基极驱动电流为:

$$I_{T_2,max} = I_{T_2,CM} \div \beta_{B1} = 15 \text{ mA} \div 80 = 0.187 \, 5 \text{ mA}$$

5. 基准电源部分

基准电源部分主要计算稳压管 D_5 和限流电阻 R_2 的参数。

稳压管 D_5 的稳压值应该小于最小输出电压 $U_{o,min}$,但是也不能过小,否则会影响稳定度。这里选择稳压值为 3 V 的 2CW51,该型稳压管的最大工作电流为 71 mA,最大功耗为 250 mW。为保证稳定度,稳压管的工作电流 I_{D_5} 应该尽量选择大一些。而其工作电流 $I_{D_5} = I_{T_3,CE} + I_{R_2}$,由于 $I_{T_3,CE}$ 在工作中是变化值,为保证稳定度取 $I_{R_2} \gg (I_{T_3})_{CE}$,则 $I_{D5} \approx I_{R_2}$。

这里初步确定 $I_{R_2,min} = 8 \text{ mA}$,则 R_2 为:

$$R_2 = (U_{R_2,min} - U_{D5}) \div I_{R_2,min} = (6 \text{ V} - 3 \text{ V}) \div 8 \text{ mA} = 375 \, \Omega$$

实际选择时可取 R_2 为 390 Ω。

当输出电压 U_o 最高时，$I_{R_2,\max}$ 为：

$$I_{R_2,\max} = U_{o,\max} \div R_2$$

$$I_{R_2,\max} = 15\ \text{V} \div 390\ \Omega \approx 38.46\ \text{mA}$$

这时的电流 $I_{R_2,\max}$ 小于稳压管 D_5 的最大工作电流，可见选择的稳压管能够安全工作。

6. 取样部分

取样部分主要计算取样电阻 R_3、R_4、R_5 的阻值。

由于取样电路同时接入 T_3 的基极，为避免 T_3 基极电流 $I_{T_3,B}$ 对取样电路分压比产生影响，需要让 $I_{T_3,B} \gg I_{R_3}$。另外为了保证稳压电源空载时调整管能够工作在放大区，需要让 I_{R_3} 大于调整管 T_1 的最小工作电流 $(I_{T_1})_{CE,\min}$。由于 3DD155A 最小工作电流 $(I_{T_1})_{CE,\min}$ 为 1 mA，因此取 $I_{R_3,\min} = 10$ mA。则可得：

$$R_3 + R_4 + R_5 = U_{o,\min} \div I_{R_3,\min} = 6\ \text{V} \div 10\ \text{mA} = 600\ \Omega$$

当输出电压 $U_o = 6$ V 时：

$$U_{D_5} + U_{T_2,BE} = (R_4 + R_5) \div (R_3 + R_4 + R_5) \times U_o$$

$$(R_4 + R_5) = (U_{D_5} + U_{T_2,BE} \times (R_3 + R_4 + R_5)) \div U_o =$$
$$(3\ \text{V} + 0.7\ \text{V}) \times 600\ \Omega \div 6\ \text{V} = 370\ \Omega$$

当输出电压 $U_o = 15$ V 时：

$$U_{D_5} + U_{T_2,BE} = R_5 \div (R_3 + R_4 + R_5) \times U_o$$

$$R_5 = (U_{D5} + R_{T_2,BE} \times (R_3 + R_4 + R_5)) \div U_o =$$
$$(3\ \text{V} + 0.7\ \text{V}) \times 600\ \Omega \div 15\ \text{V} = 148\ \Omega$$

实际选择时可取 R_5 为 150 Ω，这样 R_4 为 220 Ω，R_3 为 230 Ω。但实际选择时可取 R_3 为 220 Ω。

7. 放大部分

放大部分主要是计算限流电阻 R_1 和比较放大管 T_3 的参数。由于这部分电路的电流比较小，主要考虑 T_3 的放大倍数 β 和集电极－发射极反向击穿电压 $(BV_{T_1})_{CEO}$。

这里需要 T_3 工作在放大区，可通过控制 T_3 的集电极电流 $(I_{T_3})_C$ 来达到。而 $I_{T_3,C}$ 是由限流电阻 R_1 控制，并且有：

$$I_{R_1} = I_{T_3,C} + I_{T_2,B}$$

一方面，为保证 T_1 能够满足负载电流的要求，要求满足 $I_{R_1} > (I_{T_2})_B$；另一方面，为保证 T_3 稳定工作在放大区，以保证电源的稳定度，其集电极电流 $(I_{T_3})_C$ 不能太大。

这里可以选 I_{R_1} 为 1 mA，当输出电压最小时，则 R_1 为：

$$R_1 = ((U_{T_1})_o - U_o - U_{T_1,BE} - (U_{T_2,BE}) \div I_{R_1} =$$
$$(15\ \text{V} - 6\ \text{V} - 0.7\ \text{V} - 0.7\ \text{V}) \div 1\ \text{mA} = 7.6\ \text{k}\Omega$$

实际选择时可取 R_1 为 7.5 kΩ。

当输出电压最大时，I_{R_1} 为：

$$I_{R_1} = (U_{T_1,o} - U_o - U_{T_1,BE} - U_{T_2,BE}) \div R_1 =$$
$$(15\text{ V} - 6\text{ V} - 0.7\text{ V} - 0.7\text{ V}) \div 7.5\text{ k}\Omega \approx 1.013\text{ mA}$$

可见当输出电压最大时 I_{R_1} 上升幅度仅 1%，对 T_3 工作点影响不大，可满足要求。

由于放电电路的电流并不大，各项电压也都小于调整电路，可以直接选用 3GD6D 或 9014 作为放大管 T_3。

8. 其他元件

在 T_2 的基极与地之间并联有电容 C_2，此电容的作用是为防止发生自激振荡影响电路工作的稳定性，一般可取 $0.01\ \mu\text{F}/35\text{ V}$。在电源的输出端并联的电容 C_3 是为提高输出电压的稳定度，特别对于瞬时大电流可以起到较好的抑制作用，可选 $470\ \mu\text{F}/25\text{ V}$ 铝电解电容。

1.2.2　集成可调线性串联稳压电源

图 1-21 所示是一种由集成稳压器 LM317 构成的连续可调的稳压电源，输出电压在 $1.25 \sim 37\text{ V}$ 之间连续可调，输出最大电流可达 1.5 A。因采用集成三端稳压器，电路结构简单，性能稳定。其输出电压由两只外接电阻 R_1、R_{P1} 决定，输出端和调整端之间的电压差为 1.25 V。

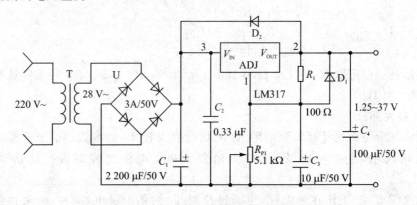

图 1-21　集成可调线性串联稳压电源

这个电压将产生几毫安的电流，经 R_1、R_{P1} 接地，在 R_{P1} 上分得的电压加到调整端，通过调整 R_{P1} 的阻值就可改变输出电压，输出电压 $U_o = 1.25(1 + R/R_{P1})$。需要注意的是，为了得到稳定的输出电压，流经 R_1 的电流要小于 3.5 mA。LM317 在不加散热器时最大功耗为 2 W，加上散热板时其最大功率可达 15 W。D_1 为保护二极管，防止稳压器输出端短路而损坏 LM317，D_2 用于防止输入短路而损坏集成电路。

【巩固训练】

1. 训练目的：掌握线性稳压电源的工作原理与简单电路的设计方法。

2. 训练内容：

① 用集成模块设计一个电压在 9～12 V 可调且具有过流过压保护电路的线性稳压电源。

② 根据电路设计要求进行元器件参数的选择。

3. 训练检查：表 1－2 所列为检查内容及检查记录。

表 1－2　检查内容及检查记录

序　号	检查内容	检查记录
元器件选择	(1)稳压模块选择是否正确	
	(2)整流二级管的选择是否正确	
	(3)滤波电容选择是否正确	
	(4)电阻、电位器及其他元器件选择是否正确	
电路设计	(1)整流滤波电路设计是否合理	
	(2)稳压电路设计是否合理	
	(3)过压过流保护电路设计是否合理	
其他事项	(1) 元件的选择是否考虑了通用性	
	(2) 元件的选择是否考虑了性价比	

任务2　直流稳压电源的安装与调试

【任务导读】

本任务中包含的主要内容有：电子元件的识别与检测、手工焊接、电路连接和电路调试四个方面。

电子元件的识别与检测部分中，主要介绍几种常用的基本电子元器件的识别方法和检测方法；手工焊接部分，主要介绍了锡焊的焊接机理、焊接材料、焊接工具以及焊接的方法和技巧；电路连接部分，介绍了几种电路的连接方法，使读者在今后的学习中方便采用其中的方法进行电路制作和实验；电路调试部分，直流稳压电路的调试及主要技术指标的测试方法。

2.1　电子元件的识别与检测

2.1.1　电阻器的识别与检测

1. 电阻器的作用

在电路中，电流通过导体时，导体对电流有一定阻碍作用，利用这种阻碍作用做成的元件称为电阻器。在电路中,电阻器主要有分压、分流、偏置、限流、负载等作用。它用字母"R"加数字表示,常用电阻器的图形符号如图 2-1 所示。其基本单位是欧姆(Ω),还有较大的单位千欧(kΩ)和兆欧(MΩ),其换算关系为 1 MΩ=10^3 kΩ=10^6 Ω。

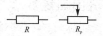

图 2-1 电阻器的符号

2. 电阻器的分类

(1) 固定电阻器

根据制作材料的不同,电阻器可分为碳膜电阻器、金属膜电阻器、线绕电阻器和水泥电阻器等,如图 2-2 所示。

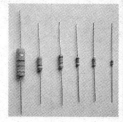 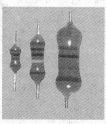  

(a) 碳膜电阻器　　(b) 金属膜电阻器　　(c) 线绕电阻器　　(d) 水泥电阻器

图 2-2 几种常见的电阻器

(2) 可变电阻器

可变电阻器又称电位器,是一种阻值连续可调的电阻器。有三个引出端:二个是固定端,一个滑动端,通过调节滑动端来可改变电阻值,从而达到调节电路中的各种电压、电流的目的,图 2-3 为几种常见的电位器。

(a) 微调电阻器　　(b) 单联电阻器　　(c) 带开关电位器　　(d) 双联电位器

图 2-3 几种常见的电位器

(3) 其他电阻器

使用不同材料及不同工艺制造的电阻,电阻值对于温度、光照、电压、湿度、磁通、气体浓度和机械力等物理量敏感的电阻元器件,这些元器件分别称为热敏、光敏、压敏、湿敏、磁敏、气敏和力敏电阻器。图 2-4 所示是几种常用敏感类电阻器。

(a) 光敏电阻器　　　　　　(b) 热敏电阻器　　　　　　(c) 压敏电阻器

图 2-4　几种常用的敏感电阻器

3. 电阻器的标识

（1）标称阻值和允许偏差

标称阻值指标注在电阻体表面的值，常用的标称值有 E6，E12，E24 系列，常用电阻器标称阻值如表 2-1 所列。例如，表中 E6 系列的 1.5 包括 1.5 Ω，15 Ω，150 Ω，1.5 kΩ 等阻值。通常电阻器的允许偏差分为 Ⅰ 级（± 5%）、Ⅱ 级（±10%）和 Ⅲ 级（±20%）。

表 2-1　常用电阻器标称阻值系列和允许误差

系列	允许偏差	电阻器的标称值
E24	±5%	1.0、1.1、1.2、1.3、1.5、1.6、1.8、2.0、2.2、2.4、2.7、3.0、3.3、3.6、3.9、4.3、4.7、5.1、5.6、6.2、6.8、7.5、8.2、9.1
E12	±10%	1.0、1.2、1.5、1.8、2.2、2.7、3.3、3.9、4.7、5.6、6.8、8.2
E6	±20%	1.0、1.5、2.2、3.3、4.7、6.8

（2）电阻器的标注方法

① 直标法　指将电阻器的类别、标称阻值、允许误差、额定功率等参数用阿拉伯数字和单位符号直接标注在电阻体表面，其优点是便于观察，如图 2-5 所示。

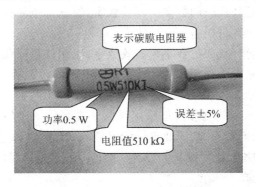

表示碳膜电阻器

功率0.5 W

电阻值510 kΩ

误差±5%

图 2-5　直标法电阻器

② 文字符号法　为了防止小数点在印刷不清时引起误解,用阿拉伯数字和单位文字符号有规律地组合起来表示标称阻值和允许误差的方法。文字符号法规定,用于表示阻值时,字母符号 Ω、k、M 等之前的数字表示阻值的整数部分,之后的数字表示阻值的小数部分,字母的符号表示单位,如图 2-6 所示。

③ 数码法　用三位或四位整数表示电阻阻值的方法,数码顺序是从左向右,对三位整数表示的电阻,前面两位数表示有效值,第三位表示倍率,即 10 的 n 次方,单位为 Ω,如图 2-7 所示。

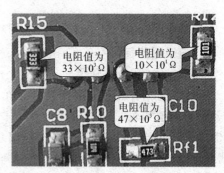

图 2-6　文字符号法电阻器　　　　图 2-7　数码法电阻器

④ 色环法　是指采用不同颜色的色环在电阻器表面标出标称阻值和允许误差的方法,色环代表的含义如表 2-2 所列。

表 2-2　色环符号的规定

颜色	黑	棕	红	橙	黄	绿	蓝	紫	灰	白	金	银	无
有效数字	0	1	2	3	4	5	6	7	8	9	—	—	—
倍率	10^0	10^1	10^2	10^3	10^4	10^5	10^6	10^7	10^8	10^9	10^{-1}	10^{-2}	—
允许偏差		±1%	±2%			±0.5%	±0.25%	±0.1%			±5%	±10%	±20%

四色环:前两位色环代表的数字为有效数字,第三位色环代表倍率即 10 的 n 次方,最后一条色环表示允许误差。

五色环:前三位色环代表的数字为有效数字,第四位色环代表倍率即 10 的 n 次方,最后一条色环表示允许误差,如图 2-8 色环电阻读数所示。对于五色环电阻,由于精度较高,其允许误差值往往不再是金色、银色等较易判别的颜色,这就导致了不好判别第一环和最后一环。此时,可采用排除法来判别。比如:参照表中可看出橙色、黄色、灰色不能做允许误差,因此不可能为最后一环。再如,我国生产的标准电阻最大阻值一般不超过 20 MΩ,像紫色、灰色、白色一般不是第四环。

4. 电阻器的检测

对于电阻器的测量主要使用万用表的欧姆挡,通过测量阻值来判断是否开路、短路等。

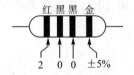
2 0 0 ±5%

阻值为20 Ω×10^0=20 Ω,误差±5%

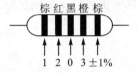
1 2 0 3 ±1%

阻值为120 Ω×10^3=120 kΩ,误差±1%

图 2-8　色环电阻读数

在路测量时,由于电阻器与其他电路构成并联关系,常常会导致较大测量误差(通常比实际测量值小)。此时,可采用开路测量法,将被检测的电阻器从电路板上拆焊下来再测量,如图 2-9 所示。具体方法如下:

① 首先将电源断开,观察电阻器的外观有无烧焦、引脚断裂或脱焊等现象,如果有则电阻器损坏。

② 如果电阻器外观没问题,再将电阻器从电路板上拆下来,根据色环读出电阻器的阻值。

③ 清洁金属膜电阻器两端的焊点,去除氧化层和灰尘。清洁完成后,根据电阻器的标称阻值将数字万用表调到欧姆挡量程,接着将万用表的红黑表笔分别放在电阻器的两端,记录万用表显示的数值。

④ 将测量的阻值与标称阻值比较,由于两者较接近,因此可判断电阻器正常。如果测量值与标称阻值相差很大,则说明电阻器已损坏。

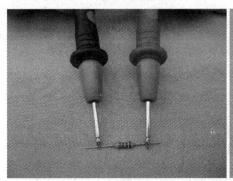

图 2-9　测量电阻值

2.1.2　电容器的识别与检测

1. 电容器的作用

电容器的基本结构是在两个金属电极中间夹一层绝缘介质构成。在电极两端施加一定的压力,两个极板上就有等量的异性电荷 Q,两极电压越高,极板上聚集的电荷就越多,而电荷量与电压的比值则保持不变,这个比值称为电容器的电容量,在各类电子线路中的主要功能是旁路、滤波、耦合及谐振等。用字母"C"加数字表示,表征电容器储存电荷的能力,常见的电路图形符号如图 2-10 所示,其基本单位是法拉

（F），还有较小的单位微法（μF）、纳法（nF）和皮法（pF），其换算关系为$1F=10^{6}\,\mu F=10^{9}\,nF=10^{12}\,pF$。

无极性电容器　　有极性电容器　　微调电容器　　可变电容器　双联可调电容器

图 2 - 10　电容器的符号

2．电容器的分类

（1）固定电容器

固定电容器按介质分为云母电容、瓷片电容、钽电容器等，几种常见的外形如图 2 - 11 所示。

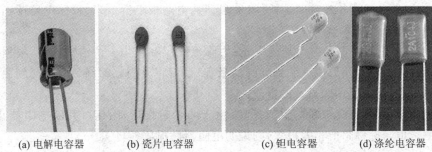

(a) 电解电容器　　　(b) 瓷片电容器　　　(c) 钽电容器　　　(d) 涤纶电容器

图 2 - 11　几种常见的电容器

（2）可调电容器

如图 2 - 12 所示为几种常见的可调电容器。

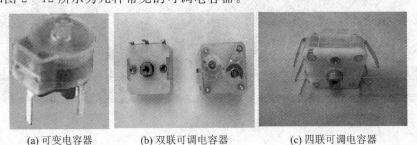

(a) 可变电容器　　　(b) 双联可调电容器　　　(c) 四联可调电容器

图 2 - 12　几种常见的可调电容器

3．电容器的标识

（1）直标法

用数字和字母把规格、型号等参数直接标注在外壳上。该方法主要用在体积较大的电容器上，如图 2 - 13 所示。

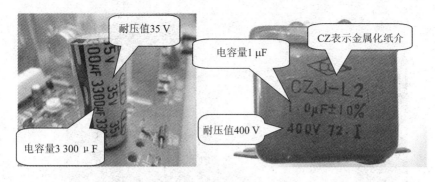

图 2 - 13　直标法

（2）文字符号法

用字母和数字两者结合的方法标注电容器的主要参数。单位符号的位置代表标称容量中小数点的位置，如图 2 - 14 所示。

（3）数码法

一般用三位数字表示容量的大小，其中第一、二位为有效数字，第三位表示倍率，其单位为 pF，如图 2 - 15 所示。

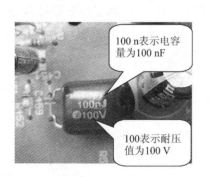

图 2 - 14　文字符号法　　　　　　图 2 - 15　数码法

4. 电容器的检测

如果用具有电容测量功能的数字万用表就容易将容量测量出来。

① 检测之前，先将电容器的两个引脚短接放电。

② 先根据电容器的标称容量选择合适的电容量程，如标称容量为 105，于是将数字万用表的旋钮调到电容挡的 $2\ \mu F$ 量程。

③ 然后将万用表的表笔插入电容器测试孔内（见图 2 - 16），用表笔接触电容器的两电极，此时显示的数值 $1.074\ \mu F$ 为电容器的实际值。

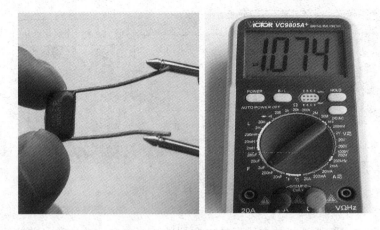

图 2-16　用数字万用表测电容量

2.1.3　电感器的识别与检测

1. 电感器的作用

电感器是根据电磁感应原理制作的电子元器件,在电路里起阻流、变压、传送信号的作用。可分为两大类,一类是利用自感作用的电感线圈,另一类是利用互感作用的变压器和互感器。在电路中用字母"L"加字母表示,不同类型的电感器有不同的图形符号,如图 2-17 所示。其基本单位有亨利(H),常用单位是毫亨(mH)和微亨(μH),它们的换算关系是 $1H=10^3\ mH=10^6\ \mu H$。

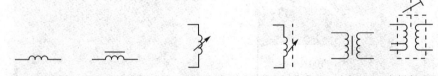

空心电感线圈　　铁芯电感线圈　　空心可调电感器　　磁芯可调电感器　　变压器　　中频变压器

图 2-17　电感器的图形符号

2. 电感器的分类

按照电感器线圈的外形,电感器可分为空心电感器和实芯电感器,按照工作性质可分为高频电感线圈、低频电感线圈等,按照电感量可分为固定电感器和可调电感器,图 2-18 是常见的电感器。

3. 电感器的标识

(1)直标法

用数字和字母将电感量的标称阻值和允许误差直接标在电感器的表面上。

(2)文字符号法

将电感量的标称阻值和允许误差用数字和文字符号按一定规律组合标注在电感器上。

(a) 空心线圈　　　　(b) 磁棒线圈　　　　(c) 可调电感器　　　　(d) 变压器

图 2 - 18　几种常见的电感器

（3）色标法

在电感器表面涂上不同的色环代表电感量,与电阻器色标法类似如图 2 - 19 所示,如电感器的色标为棕黑黑金,其电感量为 $10 \times 10^1 \mu H$。

电感量为 $10 \times 10^1 \mu H$

图 2 - 19　色标法电感器

4. 电感器的检测

采用数字万用表电感挡检测,首先检查外观,看线圈有无松散,引脚有无折断、氧化等现象,然后用数字式万用表的电感挡测量线圈的电感量。若读数很小即趋近于0,则说明电感器内部存在短路;若读数趋于 ∞,则说明电感器开路损坏;若读数接近标称值,则说明正常,如图 2 - 20 所示。

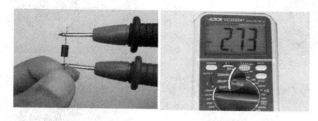

图 2 - 20　固定电感器的测量

2.1.4　二极管的识别与检测

1. 二极管的作用

半导体二极管又称晶体二极管,简称二极管,由一个 PN 结封装在密闭的管壳内并引出两个电极构成。常用字母"VD、ZD、D"加数字表示 。其图形符号如图 2 - 21

所示,利用二极管的单向导电性,在电路中用于整流、检波、稳压等。

普通二极管　稳压二极管　发光二极管　光电二极管　变容二极管

图 2 - 21　二极管的电路符号

2. 二极管的分类

二极管有多种类型,按材料不同分硅管和锗管;按制作工艺分有面接触二极管和点接触二极管;按用途不同分整流、稳压、检波、发光二极管;按封装形式可分为金属封装和玻璃封装等,图 2-22 是常见的二极管。

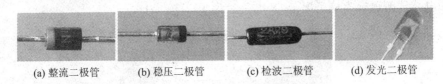

(a) 整流二极管　　(b) 稳压二极管　　(c) 检波二极管　　(d) 发光二极管

图 2 - 22　几种常见的二极管

3. 二极管的检测

将量程开关拨至二极管挡。用红表笔接二极管正极,用黑表笔接二极管负极,显示器将显示出二极管的正向电压降值,单位是毫伏(mV);若显示 150～300,则被测二极管是锗管;若显示 550～700,则被测二极管为硅管。再用红表笔接二极管负极,用黑表笔接二极管正极,显示器将显示出二极管的反向电压降值,如图 2-23 所示。

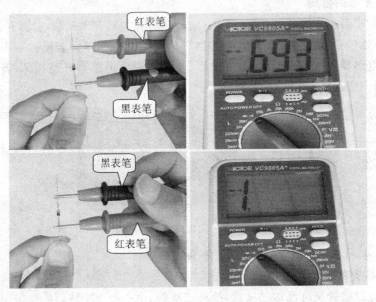

图 2 - 23　用数字万用表判断二极管

2.1.5　三极管的识别与检测

1. 三极管的作用

半导体三极管也称双极型晶体管,简称三极管。它是一种基极电流控制集电极电流的半导体器件,是组成放大电路的核心元件。其基本构成是由两个 PN 结,形成 3 个区,即基区、集电区和发射区,由各区引出 3 个电极,分别为基极(b 极)、集电极(c 极)和发射极(e 极),再用固体材料封装起来,分别构成 NPN 和 PNP 两种类型,如图 2 - 24 所示。

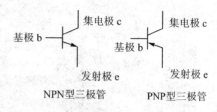

图 2 - 24　三极管的电路图符号

2. 三极管的分类

三极管有多种类型,按材料不同分为硅管和锗管;按极性不同分为 NPN 型和 PNP 型;按用途不同分为大功率、中功率和小功率;按封装不同分为金属封装、塑料封装、玻璃壳封装等,常见的三极管如图 2 - 25 所示。

(a) 大功率金属封装　　(b) 中功率塑料封装　(c) 中功率金属封装　(d) 小功率塑料封装

图 2 - 25　几种常见的三极管

3. 三极管的检测

(1) 检测三极管的基极

将数字万用表转换开关转到二极管挡,用红表笔固定接某个电极,黑表笔依次接触另外两个电极,如果两次显示值均小于 1 V;再调换表笔即用黑表笔固定接这个电极,红表笔依次接触另外两个电极,两次都显示超量程符号"1",则说明是 NPN 型三极管,而第一次红表笔接的是基极。反之是 PNP 型三极管。如果两次测试中,一次显示小于 1 V,另一次显示超量程符号"1",则说明固定不动的电极不是基极,应重新固定电极重新找基极。

(2) 判断集电极和发射极

判断出 NPN 型三极管以后,再用红表笔接基极,黑表笔分别接触其他两个电极,如果显示的数值为 0.4~0.8 V,其中数值较小的一次,黑表笔接的是集电极。反之 PNP 型三极管用黑表笔接基极,红表笔分别接触其他两个电极,如果显示的数值为 0.4～0.8 V,其中数值较小的一次,红表笔接的是集电极,如图 2-26 所示。

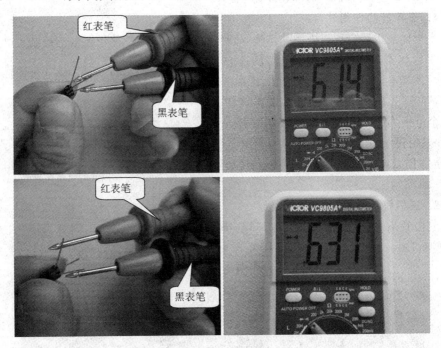

图 2-26　NPN 型三极管的极性判断

注意事项:

① 由于人体具有一定的阻值,因此在测量大于 10 kΩ 以上的电阻器时,手不要触及万用表的表笔和电阻器的引脚部分,以免人体电阻增大测量误差。

② 在电路板上在路测量元器件电阻值时,应先切断电源。

③ 测量电容时应先将电容两端放电。若是高压电容,应通过电阻放电,不可采用直接短接方式。

④ 测量三极管时手要捏住管体,而不要触及引脚。

【巩固训练】

1. 训练目的:掌握常用电子元件的识别与检测方法。

2. 训练内容:

① 识别并检测常用的电阻器。

② 识别并检测常用的电容与电感。

③ 识别并检测常用的二极管和三极管。

3. 任务检查:表 2-3 所列为常用电子元件的检查内容及检查记录。

表 2 - 3　检查内容和记录

检查项目	检查内容	检查记录
基本元件识别与检测	(1)正确并快速读出四环、五环电阻阻值(1 min 内至少读出 20 个)	
	(2)正确识别与检测电阻、电感和电容	
	(3)正确识别与检测二极管和三极管	
安全文明操作	(1)注意用电安全,遵守操作规程	
	(2)遵守劳动纪律,一丝不苟的敬业精神	
	(3)保持工位清洁,正确使用维护仪表,养成人走关闭电源的习惯	

2.2　焊接技术基础

焊接是金属连接方法的一种,利用加热、加压等方法依靠原子或分子的相互扩散作用在两种金属的接触面形成一种牢固的结合,使两种金属永久地连接在一起。这项工艺看起来很简单,但要保证高质量的焊接必须大量实践,不断积累经验,而且要正确选用焊料和焊剂,根据实际情况选择焊接工具,这是保证焊接质量的必备条件。

2.2.1　焊料与焊剂

1. 焊　料

焊料是一种熔点比被焊金属的熔点低的易熔金属,是用来填充被焊金属空隙的材料。熔化时能在被焊金属表面形成合金层,从而使两种金属连接。在电子工业中焊接常用的焊料大多数是 Sn - Pb 合金焊料,一般称焊锡。锡占 62.7%,铅占 37.3%。这种配比的焊锡熔点和凝固点都是 183℃,可以由液态直接冷却为固态,不经过半液态,焊点可迅速凝固,缩短焊接时间,减少虚焊,该点温度称为共晶点,该成分配比的焊锡称为共晶焊锡。共晶焊锡具有低熔点,熔点与凝固点一致,流动性好,表面张力小,润湿性好,机械强度高,焊点能承受较大的拉力和剪力,导电性能好的特点,常用的焊锡如图 2 - 27 所示。

(a) 焊锡丝　　　　　　　　　　　(b) 松香

图 2 - 27　常用的焊料和焊剂

2. 助焊剂

图 2-27(b) 是一种以松香为主要成分的辅助材料,其作用是去除焊件表面的氧化物、防止加热时金属表面氧化、降低焊料表面的张力、加快焊件预热。助焊剂的种类很多,大致分为有机类、无机类和树脂类三大系列。

2.2.2　焊接工具

进行手工焊接常使用的一些焊接工具有电烙铁、斜口钳和镊子等,如图 2-28 所示。下面重点介绍一下电烙铁。

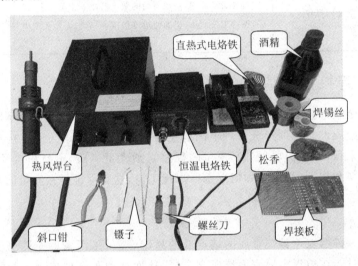

图 2-28　各种常用的焊接工具

1. 电烙铁的种类

电烙铁是手工焊接的基本工具,是根据电流通过发热元件产生热量的原理制成的。常用的电烙铁有内热式、外热式、恒温式、吸锡式等,如图 2-29 所示。

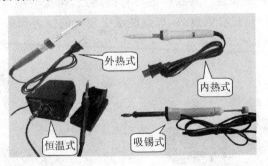

图 2-29　几种常见的电烙铁

2. 电烙铁选用

① 电烙铁功率的选择　一般根据焊接元器件的大小、材料的热容量、形状、焊盘大小等因素考虑,表 2-4 列出了不同功率的电烙铁的使用范围。

表 2-4 不同功率的电烙铁的使用范围

电烙铁的功率	使用范围
20 W 内热式、30 W 外热式	小体积元器件、导线、集成电路
35~50 W 内热式,50~70 W 外热式	电位器、大体积元器件
100 W 以上	电源接线柱

② 烙铁头的选用 为了适应不同焊接面的需要,通常把烙铁头制成不同的形状,以保持一定的温度。图 2-30 所示为常见的几种烙铁头的外形。

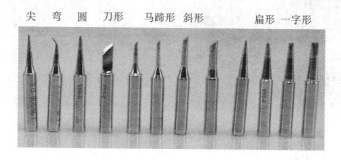

图 2-30 几种常见烙铁头外形

2.2.3 手工焊接工艺和方法

1. 手工焊接的基本条件

① 被焊金属材料应具有良好的可焊性。

② 被焊金属表面要保持清洁。

③ 焊接时要有合理的温度范围。

④ 焊接要有一定的时间。

⑤ 焊剂使用得当。

2. 手工焊接的方法

① 电烙铁的握法,如图 2-31 所示。

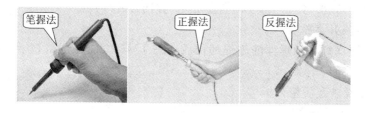

图 2-31 电烙铁的握法

② 手工焊接步骤 掌握好电烙铁的温度和焊接时间,选择恰当的烙铁头和焊点的接触位置,才可能得到良好的焊点。正确的手工焊接操作过程可分为五步操作法,

如图 2 - 32 所示。

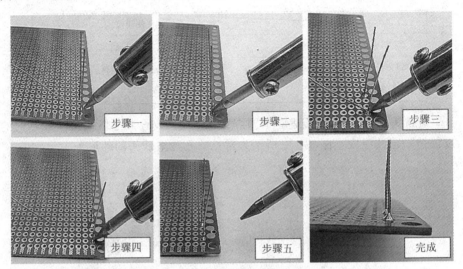

图 2 - 32　手工焊接操作的基本步骤

步骤一：准备工作

左手拿焊丝，右手握烙铁，看准焊点，随时进入可焊状态。要求烙铁头保持干净，无焊渣等氧化物。

步骤二：加热焊件

烙铁头靠在焊件的连接处，加热整个焊件，时间大约为 1～2 s。对于在印制板上焊接元器件来说，要注意使烙铁头同时接触被焊接物。要求元器件引线与焊盘同时均匀受热，同时要掌握好烙铁的角度。

步骤三：加入焊锡丝

焊件的焊接面被加热到一定温度时，焊锡丝从烙铁对面接触焊件。注意：不要把焊锡丝送到烙铁头上。

步骤四：移开焊锡丝

当焊锡丝熔化一定量后，立即向左上 45°方向移开焊锡丝。

步骤五：移开烙铁

待焊锡浸润焊盘和焊件的施焊部位后向右上 45°方向移开烙铁，结束焊接。整个焊接过程时间约是 2～4 s。

3. 焊点要求及质量分析

（1）对焊点的要求

① 有良好的导电性。

② 足够的机械强度。

③ 外形整洁美观。

（2）常见焊点及质量分析

如表2-5所列为常见焊点及质量分析。

表2-5　常见焊点及质量分析

焊点外形	外观特点	产生原因	结　果
	标准焊点，以引脚为中心，均匀、成裙形拉开，外观光洁、平滑	焊料适当、温度合适	外形美观、导电良好、连接可靠
	焊料过多	焊锡撤离太迟	浪费焊料，易短路
	焊料过少	焊锡撤离过早	机械强度不够
	拉　尖	电烙铁撤离角度不当	容易造成桥连
	气　泡	引脚与焊盘孔的间隙过大	长时间导通不良
	虚　焊	焊锡未凝固时，元器件引脚松动。引脚或焊盘氧化	暂时导电，长时间导通不良
	冷焊、表面呈豆腐渣状颗粒	焊接温度太低	强度低、导电不良
	桥连	焊锡太多	焊锡过多，烙铁撤离方向不当

注意事项：

① 不要用烙铁头在金属上刻画或用力去除粗硬导线的绝缘套，以免使烙铁头

出现损伤或缺口,减短其使用寿命。

② 要经常检查电源线的绝缘层是否完好,烙铁是否漏电,防止发生触电事故。

③ 电烙铁使用中,如烙铁头余锡过多时,应在沾松香后轻轻甩在烙铁盒中,不能乱甩,更不能敲击,以免损坏电烙铁。

④ 不用时将电烙铁放在烙铁架内,而且烙铁头要保持干净并涂有一层薄的焊锡。电烙铁使用完毕后,一定要拔掉电源线。

【巩固训练】

1. 训练目的:掌握锡焊的基本原理和手工焊接技能。

2. 训练内容:

① 用万能板焊接 500 个焊点。

② 通孔元器件焊接练习。

3. 任务检查:表 2-6 所列为锡焊的检查内容和检查记录。

表 2-6　检查内容和记录

检查项目	检查内容	检查记录
手工焊接训练	(1)正确使用焊接工具	
	(2)正确的焊接姿势	
	(3)焊接的万能板焊点合格率达到 90%	
安全文明操作	(1)注意用电安全,遵守操作规程	
	(2)遵守劳动纪律,一丝不苟的敬业精神	
	(3)保持工位清洁,养成人走关闭电源的习惯	

2.3　电路连接的几种形式

2.3.1　直接连接

电路的直接连接方式是在印刷电路板还没有普及之前早期采用的一种连接方式。在现代生产中,一些元器件较少、电路不复杂的情况下也部分采用。其具体做法是采用大量的连接导线或利用元器件自身引脚特点和机器外壳进行搭接焊以达到电气连接目的。图 2-33 所示就是典型的采用直接连接方式的一款功率放大器的内部电路。其实,在早期的电子管时代,几乎所有的电子产品均采用称为"搭棚焊接"的直接连接技术,这种连接方式相对专业的电路板而言,具有不需要进行专业的电路板设计、电路的电阻可以减至最低、分布参数小、电子元件相互间的干扰小等诸多优点。但是,由于搭棚式连接制作完全靠手工技术来完成,其制作效率低下,成本高,不利于大批量生产,尤其是在现代复杂的电子产品生产中几乎是无法实现的,因此,这种方式更适合于电路简单、不需要大批量生产的简单电路中使用。

图 2-33 采用搭棚焊接的电路板

2.3.2 面包板连接

面包板是一种无须焊接的电路实验板(也称万能板或集成电路实验板)。由于板子上有很多小插孔,很像面包中的小孔,因此得名。

1. 面包板的结构

由于各种电子元器件可根据需要随意插入或拔出,免去了焊接,节省了电路的组装时间,而且元件可以重复使用,所以非常适合电子电路的组装、调试和训练。面包板整板使用热固性酚醛树脂制造,板上布满了导电的金属插孔,一般由 5 个插孔组成一组,每组的 5 个孔底部都是由同一段金属连通,可以根据插孔内部连接关系进行电路的任意搭接。板子中央一般有一条凹槽,这是针对需要集成电路、芯片试验而设计的,板子两侧有两排竖着的插孔,也是 5 个一组,这两组插孔是用于给板子上的元件提供电源的,其结构如图 2-34 所示。

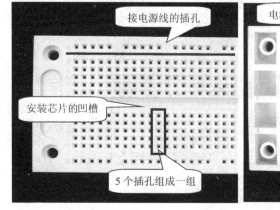
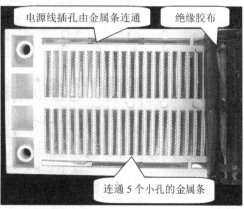

图 2-34 面包板正面和反面

2. 使用方法及步骤

（1）规划并安装电子元件位置

使用时，先将电子元件按照电路图的布局将引脚插入相应插孔的位置，如果是集成电路芯片，则要将其两排引脚插在中央凹槽的两侧，如图 2-35 所示。将全部电子元件排列插好并确定接触良好后，就可以布线了。

图 2-35　整体布局并插接元件

（2）插接连接线

插接线要采用面包板专用连接线，也叫面包线，也可采用与面包板孔径大小相符合的单股绝缘导线或者漆包线代替，如图 2-36 所示。布线要尽量简洁，避免重复走

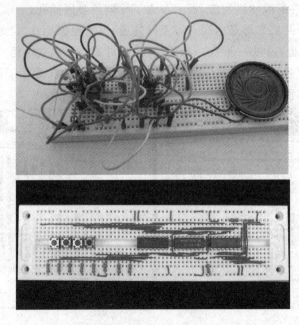

图 2-36　多股导线和单股线的布线连接方法

线。将电源两极分别接到面包板的两侧插孔,布线完毕后要检查一遍,看是否有短路和插线不紧等情况,然后就可以通电实验了。值得注意的是,不能在接通电源的情况下进行导线的连接和电子元件的拔插,以免损坏元件。

无焊面包板的优点是体积小,易携带,但缺点是比较简陋,电源连接不方便,而且面积小,不宜进行大规模电路实验。若要用其进行大规模的电路实验,则要用螺钉将多个面包板固定在一块大板上,再用导线相连接。

2.3.3　万能印刷电路板连接

万能板又称"实验板"、"洞洞板"和"点阵板",是一种按照标准 IC 间距(2.54 mm)布满焊盘并按自已的意愿插装元器件及连线的印制电路板,如图 2-37所示。其广泛运用于电路开发时的实验性电路连接或要求不高的简单电路连接。由于它不像专业的印刷电路板那样需要预先进行复杂的线路设计,而是直接通过导线的任意搭接实现电路的连接,省去了 PCB 的设计过程,且价格低廉,因而受到了电子爱好者的青睐。

图 2-37　万能板及使用万能板连接的稳压电源

万能板采用环氧树脂做基材,在上面布满若干独立的焊盘,既可制成单面板形式也可制成双面板形式。按焊盘的连接方式分,市场上有两种,一种是单孔板,焊盘各自独立;另一种是连孔板,多个焊洞连接在一起。

1. 使用方法及步骤

不同于面包板,万能板是需要用电烙铁进行焊接操作的,因此需要使用者有一定的手工焊接基础。此外,由于整块板只有焊盘没有走线,需要使用者自行连线,因此还需要自备足够的细导线进行布线。其具体使用方法及步骤如下:

(1)整体规划和元器件布局

在元器件布局之前,首先要根据元器件的数量和大小规划好电路板的面积。若面积过小,元器件装不下;若面积过大,则不仅造成浪费也不美观,所以一定要选择适中。如果万能板的形状不合适或者过大,可以用斜口钳夹掉一部分。布局就是把整块电路板做一个规划,如要用多大面积的电路板,哪些元器件放在什么位置。进行布局时,首先要对制作的电路有充分理解和分析。对于简单的电路,可先将电路中的核心元器件,如集成块放在板的中央位置,其他元器件则围绕核心元件进行布局。对于复杂电路而言,则可分块布局。比如,属于电源部分的元器件就尽量靠近电源部分,属于输入部分的元器件就尽量靠近输入部分,属于输出部分的元器件就尽量靠拢输出部分等,如图2-38所示。

图2-38　电路板整体规划和布局

（2）布　线

布局好元器件后,就要开始布线了。用于布线的导线可以是单股导线也可以是多股绝缘导线。两种线各有优缺点:单股导线可以弯折成固定形状,焊接后比较稳定不易变形,剥皮之后还可以当作跳线使用;多股导线质地柔软,搭线方便,但焊接后显得较为杂乱。图2-39所示为采用两种不同方法布线的万能板。

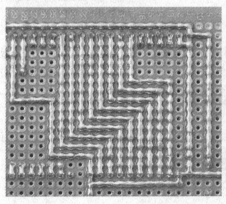 

图2-39　采用单股导线"拖焊"和多股导线搭焊

布线时的总体原则是:尽量采用"横平竖直"的走线方式,整体整洁清晰,便于检查;线与线之间尽量不要交叉,导线两点跨距不宜过大,尽量走最近点。此外,如果不是太复杂的电路,可采用边布线边焊接的方式,如果要求不高,也可采用飞线搭接的方式。

（3）焊　接

万能板的焊接技巧和普通电路板的焊接是一样的，但需注意的是，万能板因为只有单独的焊盘而没有线路，焊接时极易造成焊盘脱离，所以尤其要把握好焊接时间。此外，应注意焊接时的线头处理，尤其是多股导线要做好线头的搪锡处理，否则易形成分叉线造成短路。

2. 使用规则和技巧

（1）规划好电源线和地线

在电子电路中，电源和地线几乎无一例外地贯穿了整个电路。因而对电源和地线的合理布局对简化电路起到十分关键的作用。如果连接的电路电流较大，还需要对电源和地线做线路搪锡加粗处理，如图 2-40 所示。

（2）利用好元器件的引脚

万能板的焊接需要大量的跨接导线、跳线等，不要急于剪断元器件多余的引脚，如果有引脚需要与周围的元器件相连接且长度足够的话，则只需将该引脚折弯搭在被连接处焊接即可。此外，还可以将剪断的元器件引脚收集起来作为跳线使用。

（3）合理设置跨接线

所谓跨接线（跳线）就是从电路板的另一面走线以到达两点连接的目的，类似于双面布线的概念。这往往用在有些仅靠"钻"和"绕"已不能达到连线要求，或靠"钻"和"绕"会造成连线跨距过长的地方，如图 2-41 所示。适当的设置跳线不仅可以使连线简洁，而且也可以使得电路板美观。

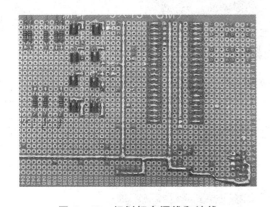

图 2-40　规划好电源线和地线

图 2-41　合理设置跨接线

（4）利用好元器件自身结构

如图 2-42 所示，轻触式按键有 4 个引脚，其中两两相通，这便可以利用这一特点来简化连线，使电气相通的两只脚充当了跳线。

（5）有效利用排针和排座

电路板的电源线、输入输出线以及编程线一般都需要外接，如果采用直接焊接的

图 2 - 42　有效利用元器件自身结构

方式会给调试和检测工作带来麻烦。而如果采用排针和排座来连接的话,可以方便地实现电路连线的任意拔插,此外,用它来实现多块电路板的扩展也比较方便,如图 2 - 43所示。

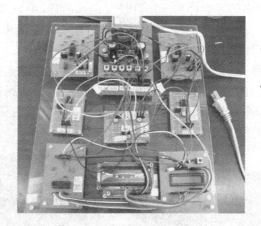

图 2 - 43　有效利用排针和排座

（6）充分利用板上的空间

常用的芯片座内有较大空间,在里面隐藏元件,既充分利用了空间又显得美观大方,同时也保护了元件,如图 2 - 44 所示。

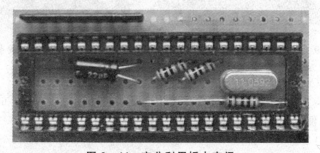

图 2 - 44　充分利用板内空间

（7）焊盘氧化后的处理

如果万能板的焊盘已经氧化，可用"0"号砂纸过水打磨，砂亮为止，再用布或餐巾纸擦干后，涂抹松香酒精溶液（将松香按体积比1∶3溶于酒精中），晾干后待用。

2.3.4　专用印刷电路板连接

印刷电路板又称印制线路板，简称印制板，英文简称PCB板。它以绝缘板为基材，切成一定尺寸，其上用黏合剂粘覆一层厚度为$35\sim50~\mu m$的铜箔制成的导电线路和图形，电子元器件以焊接形式安装在印制板上，以实现电子元器件之间的相互连接。若粘覆的铜箔只有一面，称为单面板；若粘覆的铜箔为上下两面，称为双面板；若印制板由多层铜箔压合而成，称为多层板。

1. 印刷电路板的作用

① 提供各种电子元器件固定、装配的机械支撑　印制电路板是组装电子元器件的基板，提供各种电子元器件固定、装配的机械支撑。

② 实现各种电子元器件之间的电气连接　印制电路板上所形成的印制导线，将各种电子元器件有机地连接在一起，使其发挥整体功能。一个设计精良的印制电路板，不但要布局合理，满足电气要求，还要充分体现审美意识。

③ 提供所要求的电气特性，保证电路的可靠性。

④ 提供阻焊图形、识别字符和图形。

印制电路板除了提供机械支撑和电气连接之外，还提供阻焊图形（阻焊层）和丝印图形（丝印层），如图2-45所示。阻焊层是在印制板的焊点外区域印制一层阻止锡焊的涂层，防止焊锡在非焊盘区桥接。丝印层包括元器件字符和图形、关键测量点、连线图形等，为印制电路板的装配、检查和维修提供了极大的方便。

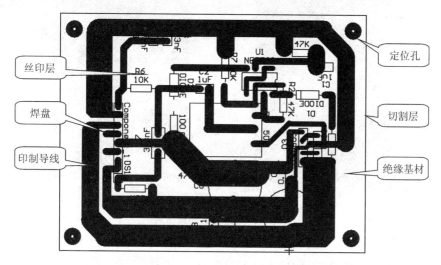

图2-45　印制电路板的基本组成部分

2. 印刷电路板的种类

（1）按所用的绝缘基材分类

按印制电路板所用的绝缘基材可分为：纸基印制电路板、玻璃布印制电路板、挠性基印制电路板、陶瓷基印制电路板、金属基印制电路板等几种类型。

（2）按印制电路板的强度分类

按印制电路板的强度可分为：刚性印制电路板、挠性印制电路板、刚挠结合印制电路板等，如图 2-46 所示。其中，人们所指的印制电路板多为刚性印制电路板。

图 2-46　挠性印制电路板和刚挠结合印制电路

（3）按印制电路的导电结构来分类

按印制电路的分布可分为：单面印制电路板、双面印制电路板和多层印制电路板。如图 2-47 所示是一块典型的双面印制板的正反面。

图 2-47　双面印制电路板

注意事项：

① 元件的布局要合理，连接线路不能有交叉、重叠。

② 电源的输入与输出端要分开设计，线路清晰便于检查。

③ 焊接前先检查好电路中的元件是否有错装、漏装；电容、二极管、三极管等是

否有极性错误。

④ 通电前检查好插接点和焊接点是否有短路、虚焊等。

【巩固训练】

1. 训练目的：

① 熟悉电路连接几种方法的基本原理和方法。

② 掌握用面包板和万能板连接电路的方法和技巧。

2. 训练内容：

① 用面包板搭接图1-20中的分立式串联稳压电源电路。

② 用万能电路板连接图1-21中的集成串联稳压电源电路。

3. 任务检查：表2-7所列为电路连接方法的检查内容和记录。

表2-7　检查内容和记录

检查项目	检查内容	检查记录
电路板连接	(1)电路连接是否正确	
	(2)布线及元器件布局是否合理	
	(3)元器件是否有错装、漏装等现象	
安全文明操作	(1) 注意用电安全，遵守操作规程	
	(2) 遵守劳动纪律，培养一丝不苟的敬业精神	
	(3) 保持工位清洁，正确使用计算机，养成人走关机的习惯	

2.4　串联稳压电源的调试

电子产品在装配完成之后，必须通过调试才能达到规定的技术要求。装配工作把成千上万的元件按照图纸的要求连接起来，但是每个元件的特性参数都不可避免地存在微小的差异，其综合结果会出现较大的偏差。调试是保证并实现电子产品的功能和质量的重要工序，又是发现电子产品工艺缺陷和不足的重要环节。从某种程度上说，调试工作也是为电子产品定型提供技术性能参数的可靠依据。

2.4.1　调试的一般程序

1. 调试前的准备

(1) 深刻理解技术文件

技术文件是正确调试的依据，它包括电原理图、技术说明书、调试工艺文件等。在调试工作展开之前，调试人员应认真"消化"技术文件，明确电子产品的技术指标，理解整机和各部分的工作原理，熟悉调试步骤和方法。

(2) 测试设备的准备

测试设备包括专用测试设备和仪器仪表两部分。调试人员应按调试说明或调试工艺准备好所需的测试设备,熟悉操作规程和使用注意事项。调试前,仪器仪表应整齐放置在调试工作台上。

(3)被调试产品的准备

电子产品装配完成后,检验人员必须认真检查元器件安装是否正确、有无虚焊、漏焊和错焊,确保该产品符合设计和装配工艺的要求。在调试前,应对产品外观、配套情况进行复查,并测量电源进线端与机壳之间的绝缘电阻,其阻值应趋近于无穷大。

(4)调试场地的准备

按根据技术文件要求布置好测试场地。测试仪器和设备要按要求放置整齐,便于操作。测试线路的连接要尽量减少外部干扰;需要接地的部分应确保接地良好,弱信号的输入导线与输出测量导线尽量分开;直流电源供电线要有明显的极性标示,严防因极性接错导致事故的产生。

(5)记录表格的准备

在进行调试的过程中,要对所有原始数据进行记录,这些数据是判断电子产品是否达到技术要求的依据。因此,调试前应准备好完整的数据记录表格,其内容包括测量项目、测试点、参数标称值、单位、误差范围、实测值和所用仪器名称等。

2. 调试的程序

(1)电源调试

电子产品一般都有电源变换电路,以提供各电路所需的直流电压和交流电压。整机调试前应先将电源调整至最佳状态。调整电源应分两步进行,首先将电源与负载断开,在空载状态下测量各输出电压数值是否符合要求,波形是否有失真,工作状态是否正常等。空载测量完毕后,将负载接上,再次测量各性能指标,将数值与空载时的数值进行比较,看是否符合要求,然后根据实际情况进行调整。

(2)分块调试

分块调试是把电路按功能分成不同的部分,把每部分看作一个模块进行调试。在分块调试的过程中逐渐扩大调试范围,最后实现整机调试。比较理想的调试顺序是按照信号的流向进行,这样可以把前面调试过的输出信号作为后一级的输入信号,为最后的联调创造条件。

(3)整机粗调

在分块调试的过程中,因逐步扩大调试范围,这实际上已经完成了某些局部联调工作。下面先要做好各功能块之间接口电路的调试工作,再把全部电路连通,就可以实现整机联调。整机联调只需观察动态结果,就是把各种测量仪器及系统本身显示部分提供的信息与设计指标逐一对比,找出问题,然后进一步修改电路的参数,直到完全符合设计要求为止。

(4)整机性能指标测试

经过调整和测试后,要将各调整元件加以坚固,防止调整好的参数发生改变。在对整机装调质量进一步检查后,对产品的各项性能指标和参数进行全面测试,看是否达到技术文件所规定的技术指标。

（5）整机通电老化试验

在整机粗调后,通常要进行整机老化试验,使整机电路在实际的使用状态下长时间连续工作和选若干典型环境因素,将其所有的工艺缺陷尽可能地暴露出来,加以修正或更改,以获得最大限度的可靠性。

（6）整机细调

在经过整机老化筛选后,性能指标已趋近于稳定,但整机性能指标并不一定处在最佳状态,因而还需对整机进行细调,这可使电子产品技术指标全面达到最佳状态。

2.4.2　调试的一般方法

调试主要包括测试和调整两个方面。测试是在安装后对电路的参数及工作状态进行测量,调整是指在测试的基础上对电路的参数进行修正,使之满足设计要求。为了使调试顺利进行,设计的电路图上应当标出各点的电位值,相应的波形图以及其他数据。

调试方式有两种:第一种是采用边安装边调试的方法。也就是把复杂的电路按原理框图上的功能分块进行安装和调试。在分块调试的基础上逐步扩大安装和调试范围,最后完成整机调试。另一种是整个电路安装完毕,实行一次性调试。这种方法一般适用于定型产品和需要相互配合才能运行的产品。

如果电路中包括模拟电路、数字电路和微机系统,一般不允许直接连用。不但它们的输出电压和波形各异,而且对输入信号的要求也各不相同。如果盲目连接在一起,可能会使电路出现不应有的故障,甚至造成元器件大量损坏。因此,一般情况下要求把这三部分分开,按设计指标对各部分分别加以调试,再经过信号及电平转换电路后实现整机联调。

具体说来,调试的方法有以下两种:

（1）静态工作点调整

静态测试的内容包括供电电源静态电压测试、测试单元电路静态工作总电流、三极管的静态电压、电流测试、集成电路静态工作点的测试和数字电路静态逻辑电平的测量。

（2）动态特性调整

动态特性的调整内容包括测试电路动态工作电压、测量电路重要波形及其幅度、频率和频率特性的测试与调整。

2.4.3　串联稳压电源的调试

从上述内容可知直流稳压电源的主要技术指标有:额定负载电流、纹波电压、电源内阻、稳定度等,下面以图1-20为例分别看这几项主要技术的指标测试方法。

① 首先按电路图检查电路的接线和元件的安装是否正确可靠。

② 测试整流滤波电路是否符合要求,如果纹波过大,可能是滤波电容损坏。应

调整滤波电路,使之达到设计要求。

③ 测试基准电压电路是否满足设计的基准电压。

④ 测试并调整取样和比较放大电路,使之满足负反馈要求。

⑤ 测试调整电路的工作情况,观察输出电压改变时调整管的管压降变化情况。看是否有短路击穿或开路故障。

⑥ 检查稳压系数、输出电阻和输出纹波电压是否能满足设计要求。

⑦ 进行功率测量,当输出电流是设计的最大值时,看此时的耗散功率是否小于调整管最大功耗。

注意事项:

① 在通电调试前,应再次检查电路板上各焊点是否有短路、开路,各连接线是否有错接、漏接等。

② 调试前先要熟悉各种仪器的使用方法,并仔细加以检查,避免由于仪器使用不当或出现故障时做出错误判断。使用时要注意仪器的连接方法和使用要求,调试工作要按照操作规范和相关要求进行。

③ 调试过程中,发现器件或接线有问题需要更换或修改时应该先关断电源,待更换完毕经认真检查后才可重新通电。

④ 调试完毕后,要注意现场的整齐和清洁工作,仪器设备要摆放归位。

【巩固训练】

1. 训练目的:

① 熟悉电子产品调试的一般步骤和方法。

② 掌握串联稳压电源的调试步骤和方法。

2. 训练内容:

① 正确连接并使用万用表、示波器等测试仪器。

② 正确测试图1-20中的分立式串联稳压电源与图1-21中的集成串联稳压电源中的各项参数和性能指标。

电路安装完毕,仔细检查无误后通电调试。分别改变输入电压、改变负载、调整输出电压等,对电路进行测试并作记录于表2-8中。

表2-8　检查内容及测试记录

检查项目	最小输出电压	最大输出电压	输出电阻	稳压系数
输入电压恒定(空载)				
输入电压恒定($R_L = 1$ kΩ)				
输入电压恒定($R_L = 500$ Ω)				
改变输入电压 $U_i = 190$ V				
改变输入电压 $U_i = 240$ V				

3. 任务检查

表 2-9 所列为检查内容和记录。

表 2-9　检查内容和记录

检查项目	检查内容	检查记录
电路调试	(1)万用表、示波器等测试仪器使用是否正确	
	(2)电路板与仪器连接是否正确	
	(3)测试参数方法及实验数据是否正确记录	
安全文明操作	(1)注意用电安全,遵守操作规程	
	(2)遵守劳动纪律,培养一丝不苟的敬业精神	
	(3)保持工位清洁,整理实验仪器,养成人走关闭电源的习惯	

项目二 扩音机的设计与制作

扩音机简称"功放"。它是音响系统中不可缺少的重要部分,其主要任务是将音频信号放大,以推动外接负载,如扬声器、音箱等。图3-1所示是电子管扩音机和集成化扩音机的外形及电路板。因目前的集成化扩音机电路已经很成熟了,故本项目设计与制作的扩音机主要采用集成电路方案。

图 3-1 两种功放扩音机及电路板

任务3 扩音机电路设计及电原理图绘制

【任务导读】

本次任务分别介绍了扩音机的电路工作原理和设计方法、扩音机主要元器件的识别与检测,以及使用 Protel99SE 软件进行电路图绘制的三个主要内容。

本任务主要通过一款典型扩音机电路作为载体,阐述了扩音机电路的组成、工作原理和主要性能指标等内容;结合扩音机的实物,介绍了扩音机主要元器件的识别与检测方法;最后,通过使用 Protel99SE 软件介绍性地讲解绘制扩音机电路图的整个过程,通过本次任务的学习,让学生初步掌握制作扩音机的基本知识。

3.1　扩音机的工作原理及电路设计

3.1.1　扩音机的基本工作原理

扩音机的种类繁多,分类方式也有很多。按信号的处理方式可分为模拟式和数字式;按输出级与扬声器的连接方式分类有 OTL 电路、OCL 电路和 BTL 电路;按功放管的工作状态分类有甲类、乙类、甲乙类、超甲类、新甲类等;按所用的有源器件分类有晶体管扩音机、场效应管扩音机、集成电路扩音机及电子管扩音机等。由于扩音机的种类繁多,工作原理又各不相同(其中以模拟式和数字式扩音机的区别最大),限于篇幅,本文就基于模拟式扩音机电路进行讲解。模拟式扩音机的基本组成结构大致相同,主要由前级电压放大电路、后级功率放大电路和电源电路三大部分构成,如图 3-2 所示。

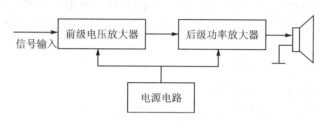

图 3-2　扩音机基本组成结构

1. 前级电压放大电路

前级电压放大电路主要完成对输入信号的电压放大,以推动后级功率放大电路。此外,通过增设前级放大电路还可完成输入信号的切换、衰减、阻抗变换等,以使前级电压放大电路的输出电压幅度与功率放大器的输入灵敏度相匹配。前级电压放大电路的好坏直接影响到扩音机的整体性能,为了提高电路稳定性和信噪比,前级电路采用具有负反馈和电路补偿的集成运放来完成。

2. 后级功率放大电路

后级功率放大电路主要完成的是对小信号的电流放大,以使信号有足够的功率推动扬声器发声。下面介绍三种最常见的功率放大电路:OTL 功放电路、OCL 功放电路和 BTL 功放电路。

(1) OTL 功放电路

OTL 电路称为无输出变压器功放电路,是一种输出级与扬声器之间采用电容耦合而无输出变压器的功放电路。OTL 电路的基本原理如图 3-3 所示。

OTL 电路的结构:

① T_1 和 T_2 配对,一只为 NPN 型,另一只为 PNP 型。

② 输出端中点电位为电源电压的一半,$V_o = V_{cc}/2$。

③ 功放输出与负载(扬声器)之间采用大电容耦合。

OTL 电路的特点:

① 采用单电源供电方式,输出端直流电位为电源电压的一半。

② 输出端与负载之间采用大容量电容耦合,扬声器一端接地。

③ 具有恒压输出特性,允许扬声器阻抗在 $4\ \Omega$,$8\ \Omega$,$16\ \Omega$ 之中选择,最大输出电压的振幅为电源电压的一半,即 $V_{CC}/2$,额定输出功率约为 $V_{CC2}/(8R_L)$。

④ 输出端的耦合电容对频响也有一定影响。

OTL 电路的工作原理:当输入信号的波形在正半周时,T_1 导通,电流自 V_{CC} 经 T_1 向电容 C 充电,经过负载电阻 R_L 到地,在 R_L 上产生正半周的输出电压;当输入信号的波形在负半周时 T_2 导通,电容 C(只要电容 C 的容量足够大,可将其视为一个恒压源)通过 T_2 和 R_L 放电,在 R_L 上产生负半周的输出电压。

(2) OCL 功放电路

OCL 称为无输出电容功放电路,是一种输出级与扬声器之间采用直接耦合而无输出电容的功放电路,它与 OTL 电路最大不同之处是采取了正负电源供电,从而不需要输出电容就能很好的工作。OCL 电路的基本原理图如图 3 - 4 所示。

OCL 电路的结构:

① T_1 和 T_2 配对,一只为 NPN 型,另一只为 PNP 型。

② 输出端中点直流电位为零。

③ 功放输出与负载(扬声器)之间采用直接耦合。

OCL 电路的特点:

① 采用双电源供电方式,输出端直流电位为零。

② 有输出电容,低频特性很好。

③ 扬声器一端接地,一端直接与放大器输出端连接。

④ 具有恒压输出特性,允许选择 $4\ \Omega$、$8\ \Omega$ 或 $16\ \Omega$ 的负载。

⑤ 最大输出电压振幅为正负电源值,额定输出功率约为 $V_{CC2}/(2R_L)$。

OCL 电路的工作原理:当输入信号的波形在正半周时,T_1 导通,电流自 $+V_{CC1}$ 经 T_1,经过负载电阻 R_L 到地构成回路,在 R_L 上产生正半周的输出电压;当输入信号的波形在负半周时,T_2 导通,电流自 $-V_{CC2}$ 通过 T_2 和 R_L 构成回路,在 R_L 上产生负半周的输出电压。

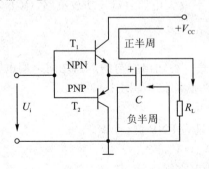

图 3 - 3　OTL 电路原理图

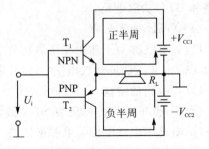

图 3 - 4　OCL 电路原理图

（3）BTL 功放电路

BTL 电路称为平衡桥式功放电路，由两组对称的 OTL 或 OCL 电路组成，扬声器接在两组 OTL 或 OCL 电路输出端之间，即扬声器两端都不接地。BTL 电路的基本原理图如图 3-5 所示。

BTL 电路的结构：

① 电路由两组对称的 OTL 或 OCL 电路组成。

② 扬声器接在两组 OTL 或 OCL 电路输出端之间，即扬声器两端都不接地。

BTL 电路的特点：

① 可采用单电源供电，两个输出端直流电位相等，无直流电流通过扬声器。

② 与 OTL、OCL 电路相比，在相同电源电压、相同负载情况下，BTL 电路输出电压可增大一倍，输出功率可增大四倍，这意味着在较低的电源电压时也可获得较大的输出功率。

③ 一路通道要有二组功放对，且扬声器没有接地端，给检修工作带来不便。

BTL 电路的工作原理：

图 3-5 中的 T_1 和 T_2 是一组 OCL 电路输出级，T_3 和 T_4 是另一组 OCL 电路输出级。两组功放的两个输入信号的大小相等、方向相反。当输入信号 $+U_i$ 为正半周而 $-U_i$ 为负半周时，T_1、T_4 导通，T_2、T_3 截止，此时负载上的电流通路从左到右。反之，T_1、T_4 截止，T_2、T_3 导通，此时负载上的电流通路从右到左。

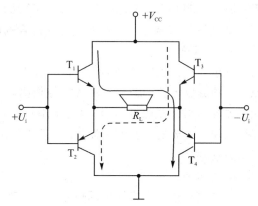

图 3-5 BTL 电路原理图

3. 电源电路

为使整个扩音电路工作在高保真、低噪声状态下，对电源电路的处理显得尤为重要。首先，变压器的功率要求大于扩音机的额定输出功率，并且要有足够的余量。为减少交流干扰，初次级之间最好加上屏蔽层。前级放大电路最好采用稳压电源，而后级功放电路则不必稳压，因为工作在瞬态大电流状态下，后级功放电路要求滤波电容要做得尽量的大，一方面滤波电容对整流后得到的脉动直流电进行滤波以减小交流干扰，另一方面电容的储能作用可以为功放电路的瞬态大电流需要提供电能。

3.1.2 扩音机的性能指标

扩音机的主要性能指标有输出功率、频率响应、失真度、信噪比、输出阻抗和阻尼系数等。

1. 输出功率

扩音机的输出功率由于各厂家的测量方法不一样,出现了一些名目不同的叫法。例如:额定输出功率、最大输出功率、音乐输出功率、峰值音乐输出功率。

音乐输出功率:是指输出失真度不超过规定值的条件下,功放对音乐信号的瞬间最大输出功率。

峰值输出功率:是指在不失真条件下,将功放音量调至最大时,功放所能输出的最大音乐功率。

额定输出功率:当谐波失真度为10%时的平均输出功率,也称为最大有用功率。通常来说,峰值功率大于音乐功率,音乐功率大于额定功率,一般的讲峰值功率是额定功率的5～8倍。

2. 频率响应

频率响应表示扩音机的频率范围和频率范围内的不均匀度。频响曲线的平直与否一般用分贝[dB]表示。家用 HI－FI 功放的频响一般为 20 Hz～20 kHz 正负 1dB,该范围越宽越好。一些极品功放的频响已经做到 0～100 kHz。

3. 失真度

理想的扩音机应该把输入的信号放大后,毫无改变地还原出来。但是由于各种原因经功放放大后的信号与输入信号相比较,往往产生了不同程度的畸变,这个畸变就是失真。用百分比表示,其数值越小越好。HI－FI 功放的总失真在 0.03%～0.05% 之间。功放的失真有谐波失真、互调失真、交叉失真、削波失真、瞬态失真和瞬态互调失真等。

4. 信噪比

信噪比是指扩音机输出的信号电平与噪声电平之比,用 dB 表示,这个数值越大越好。一般家用 HI－FI 功放的信噪比在 60 dB 以上。

5. 输出阻抗

输出阻抗是扩音机对扬声器所呈现的等效内阻,称为输出阻抗。

3.1.3 集成扩音电路设计

目前,常见的扩音机多数采用集成运算放大器和大功率晶体管构成,与分立元件扩音机相比,集成化的扩音机具有体积小、重量轻、调试简单、效率高、失真小,具有过流保护、过热保护、过压保护等特点,所以使用非常广泛。本例采用一款电路简单、制作容易、性价比较高的 NE5532＋TDA1521 集成扩音电路,该电路原理图如图 3-6 所示。

1. 前级放大电路

本例前级电路的核心元件采用美国半导体公司生产的 NE5532,它采用双列直插式八引脚封装,是一款经典的双运放集成电路,即 1、2、3 脚为一组放大器,5、6、7 脚为另一组放大器,图 3-7 是其内部结构和外形图。与普通运算放大器相比较,它具有更好的噪声性能、输出驱动能力和小信号处理能力。这使得该器件广泛应用于

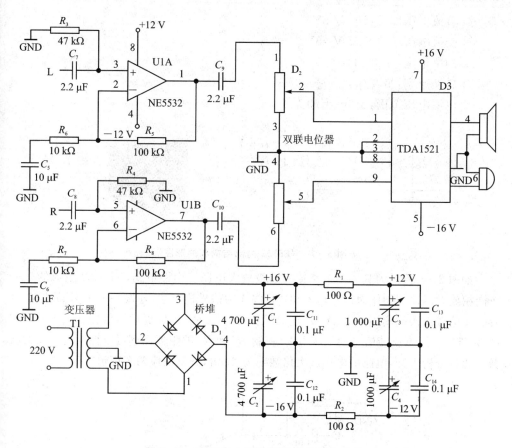

图 3－6　NE5532＋TDA1521 集成扩音电路

高品质和专业音响设备、仪器、控制电路和电话通道放大器中。

● NE5532 的各引脚功能：

1 脚：输出 1

2 脚：反相输入端 1

3 脚：同相输入端 1

4 脚：负电源供电端

5 脚：同相输入端 2

6 脚：反相输入端 2

7 脚：输出 2

8 脚：正电源供电端

● NE5532 的电气特性参数：

① 小信号带宽：10 MHz

② 输出驱动能力：600 Ω，10 V 有效值

③ 输入噪声电压：5 nV/Hz（典型值）

④ 直流电压增益:50 V/mV

⑤ 交流电压增益:2.2 V/mV

⑥ 功率带宽:140 kHz

⑦ 转换速率:9 V/μs

⑧ 电源电压范围:±3～±20 V

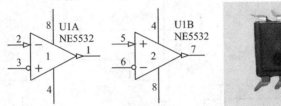

图 3-7　NE5532 内部结构和外形图

如图 3-8 所示为其中一个声道的前级放大电路。由图可知,NE5532 组成的是一个同相放大器,"3"脚作为信号输入端,"1"脚作为信号输出端,各接一个 1 μF 的退耦电容。在信号输入端用了一个 47 kΩ 的分压接地电阻 R_3,用以提供运放偏置电流;R_5 和 R_6 为负反馈提供反馈信号的分压电阻,控制 R_5 和 R_6 的阻值比例可以控制运放放大倍数。通过分析可知:电路的电压放大倍数约为 11 倍,分别对应两个声道。

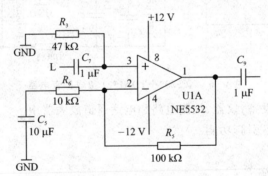

图 3-8　前级放大电路

2. 后级功放电路

后级功放电路也是本电路的核心部分,本例采用的是荷兰飞利浦公司设计的 TDA1521,其内部结构和外形如图 3-9 所示。这是一款具有低失真度的芯片,采用九脚单列直插式塑料封装,使用方便,有输出功率大、两声道增益差小、过热过载短路保护和静噪功能等特点,其音色通透纯正,低音力度丰满厚实,高音清亮明快,很有电子管的韵味。其电路设有等待、静噪状态、过热保护、低失调电压高纹波抑制等电路。其电源内阻要求小于 4 Ω,以确保负载短路保护功能可靠动作。同时,它使用灵活,可采用双电源供电和单电源供电两种模式。其参数为:TDA1521 在电压为 ±16 V、阻抗为 8 Ω 时,输出功率为 2×15 W,此时的失真仅为 0.5%。输入阻抗 20 kΩ,输入灵敏度 600 mV,信噪比达到 85 dB。

● TDA1521 的各引脚功能:

1 脚:反向输入 1(L 声道信号输入)

2 脚:正向输入 1

3 脚:参考 1(OCL 接法时为 0 V,OTL 接法时为 $1/2V_{CC}$)

4 脚:输出 1(L 声道信号输出)

5 脚:负电源输入(OTL 接法时接地)

6 脚:输出 2(R 声道信号输出)

7 脚:正电源输入

8 脚:正向输入 2

9 脚:反向输入 2(R 声道信号输入)

● TDA1521 的电气特性参数:

① 电源电压:±7.5～±20 V 推荐值:±15 V

② 输出功率:2×12 W,BTL 形式时为 30 W

③ 电压增益:30 dB

④ 通道隔离度:70 dB

⑤ 输出噪声电压:70 μV

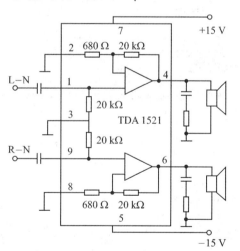

图 3-9　TDA1521 内部结构和外形图

由图 3-9 可知,经过前级电压放大的左右声道信号经过一个双联电位器后送入 TDA1521 的"1"脚和"9"脚进行功率放大,双联电位器的作用是同时调节两个声道输出电压的大小,即两个声道音量的大小,最后信号分别从"4"脚和"6"脚输出直接驱动左右声道扬声器。

3. 电源电路

本例中的前级放大电路和后级功放电路均采用双电源供电，其电源电路如图 3-10 所示。可以看出，降压变压器采用双绕组输出（本例采用双 12 V 输出），次级输出的交流 12 V 通过一组桥式整流电路整流，并用两个 4 700 μF/50 V 的铝电解电容进行滤波，得到 ±16 V 左右的直流电压，分别供给 TDA1521 的"7"脚和"5"脚。铝电解电容并联的 0.1 μF 瓷片电容作为电源的退耦电容，用以消除电路中的自激。前级 NE5532 的电源则采用 2 块三端稳压模块来得到 ±12 V，若对性能要求不高，也可通过电阻降压获得。

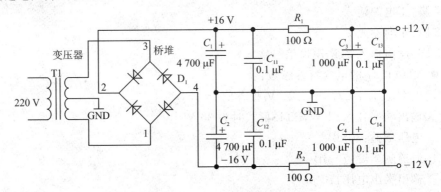

图 3-10　电源电路

【巩固训练】

1. 训练目的：掌握功率放大器的基本原理及集成运放的基本计算方法和技巧。

2. 训练内容：

① 下图是一个后级带有高、低音频分频网络的功率放大器电原理图，试分析其基本工作原理。

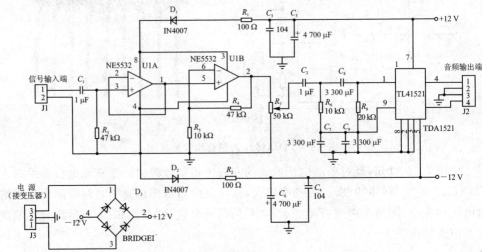

② 分析并计算前级电路的放大倍数和后级分频网络的分频点。

3. 任务检查:表3-1功率放大器的检查内容和记录。

表3-1　功率放大器的检查内容和记录

检查项目	检查内容	检查记录
电路分析	(1)是否能正确分析功率放大器的基本原理	
	(2)是否能正确理解功放电路的各项参数指标	
	(3)是否能正确计算电路的放大倍数和分频点	
安全文明操作	(1)注意用电安全,遵守操作规程	
	(2)遵守劳动纪律和培养一丝不苟的敬业精神	
	(3)保持工位清洁,养成人走关闭电源的习惯	

3.2　扩音机电子元件识别与检测

3.2.1　电位器的识别与检测

1. 电位器的识别

(1)电位器的结构

电位器是一种阻值连续可调的电阻器,由电阻体、滑动片、转动轴、外壳及焊片等组成。对外有三个引出端,一个滑动片 A;另外两个是固定片 B 和 C,滑动片可以在两个固定端之间滑动实现电阻大小的改变,如图 3-11 所示。电位器在电子产品中一般用来调整各种模拟量的大小,比如音量、亮度和电压、电流幅度等。

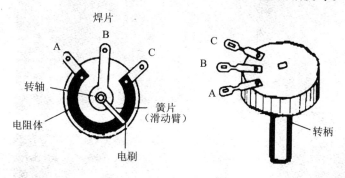

图 3-11　电位器结构图

(2)电位器的分类

电位器的种类很多,根据操作方式可分为单圈式、多圈式等;根据功能可分为音量电位器、调速电位器等。

① 单联电位器　这种电位器只有一个滑动臂,只能控制一路信号。

② 双联电位器　是将相同规格的两个电位器装在同一个轴上,也称同轴双联电位器。

③ 带开关的电位器　这种电位器将开关和电位器结合成一体,主要用在电视

机、收音机等电子产品中。

④ 微调电位器　又称半可变电位器,有三个引脚,中间的引脚通常为滑动臂,上面有一个调整孔,将螺丝刀插入调整孔并旋转即可调整电阻值。主要用在不需要经常调节的电路中。

2. 电位器的检测

电位器标称阻值是它的最大值,如果标注为 50 kΩ,则表示它的阻值在 0～50 kΩ内连续变化。检查电位器时,首先要转动旋柄,感觉旋柄转动是否光滑,开关是否灵活。如果转动声音很大,说明有磨损;如果转动没有声音,说明电位器良好。

一般电位器采用开路法测量,具体方法如下:

① 先根据被测电位器标称阻值的大小,选择万用表的合适挡位再测量。

② 测量时将万用表的两支表笔分别放在电位器的两个定片上,如图 3 - 12 所示。比如测得阻值为 50 kΩ,此阻值是两个定片之间的最大阻值,如显示的电阻值与标称阻值相差很大,则表明电位器已经损坏;如果与电位器的标称阻值相近,再进一步测量。

③ 接着用万用表两支表笔分别接触电位器定片和任一个动片,慢慢旋转轴柄,电阻值应逐渐增大或减小,阻值的变化范围应该在 0～50 kΩ 之间,并且旋转轴柄时,阻值的读数应平稳变化。若有跳动现象,则说明触点有接触不良的故障。

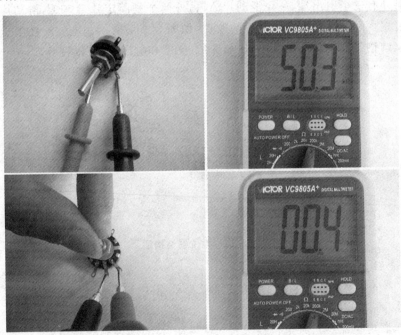

图 3 - 12　电位器测量方法

3.2.2　变压器的识别与检测

1. 变压器的识别

变压器是一种常用的电气设备,在不同的应用环境,变压器有不同的作用,在电力系统中,变压器用于电力传输及转换和分配;在电子电路中,主要用来提升或降低交流电压或变换阻抗等。变压器主要有铁芯和绕组构成。在电路原理图中,变压器通常用"T"加字母表示。

2. 变压器的检测

（1）线圈通断的检测

用数字万用表的欧姆挡可大致判断变压器线圈的通断,若某个线圈的电阻值为无穷大,则说明线圈内部或引出线有开路故障,只要测量时可获得有效读数,即可判断变压器基本正常,如图 3-13 所示。

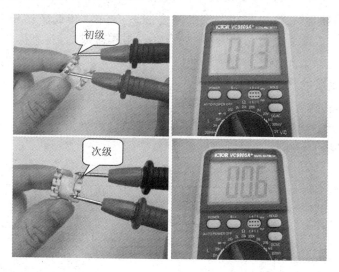

图 3-13　变压器测量方法

（2）初级、次级的判断

电源变压器初级绕组引脚和次级绕组引脚分别从两端引出,并且初级绕组标有220 V,次级绕组则标有额定电压值。对于降压输出变压器,初级绕组电阻值通常大于次级绕组电阻值,而且初级绕组漆包线比次级绕组细。

3.2.3　整流桥的识别与检测

1. 整流桥的结构

整流桥又名"桥堆",有半桥和全桥两种:半桥由两只二极管组成,有三个引出脚;全桥由四只二极管组成,有四个引出脚。图 3-14 所示是全桥的内部结构及外形。

2. 全桥的检测

全桥有四个引脚,根据其内部二极管的连接关系就可以很容易判断出桥堆是否损坏。由图中可以看出,桥堆的 1 脚和 4 脚是两对二极管串联后再并联的引出端,根

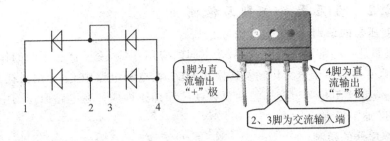

1脚为直流输出"+"极

4脚为直流输出"−"极

2、3脚为交流输入端

图3-14 全桥内部结构及外形图

据二极管的性质可以得出桥堆的四个引脚除了2、3脚之间正反测量均不导通外,其余引脚均呈单向导通关系,否则,说明桥堆已损坏。

3.2.4 集成电路的识别与检测

集成电路简称"IC",是采用一定的工艺,把一个单元电路中所用的元器件等集中制作在一个晶片上,然后封装在一个管壳内制作而成的,具有体积小、重量轻等优点。

1. 集成电路的识别

(1) 集成电路型号的命名

集成电路的型号各种各样,一般都印刷在其表面,国产集成电路的型号通常由五部分组成,如表3-2所列。

表3-2 集成电路的型号命名方法

第一部分		第二部分		第三部分	第四部分		第五部分	
用字母表示		用字母表示类型		用数字表示系列和代号	用字母表示工作温度范围		用字母表示封装	
符　号	意　义	符　号	意　义		符　号	意　义	符　号	意　义
C	中国制造	T	TTL	不同类型的集成电路,该部分数字不同	C	0～70 ℃	W	陶瓷扁平
		H	HTL		E	−40～85 ℃	B	塑料扁平
		E	ECL				F	全封闭扁平
		C	CMOS		R	−55～85 ℃	D	陶瓷直插
		F	线性放大器				P	塑料直插
		D	音响、电视电路				J	黑瓷双列直插
		W	稳压器		M	−55～125 ℃	K	金属菱形
		J	接口电路				T	金属圆形

(2) 集成电路引脚的识别

集成电路通常有多个引脚,每个引脚都有不同的功能,而封装外形不同,其引脚排列方式也不一样。对圆筒形和菱形金属壳封装的集成电路,识别引脚时应面向引脚,由定位标记所对应的引脚开始,按顺时针方向依次数到底即可,常见的定位标记有突耳、圆孔及引脚不均匀排列等。这一类集成电路上常用的定位标记为色点、凹坑、小孔、线条、色带和缺角等。

（3）集成电路的封装

直插式封装指引脚从封装的一侧或两侧引出,可直接插入印制电路板中,然后再焊接的一种集成电路封装形式,主要有单列直插式封装和双列直插式封装两种。对于单列直插式集成电路,识别其引脚时应使引脚向下,型号或定位标记面对自己,自定位标记对应一侧的第一只引脚数起,按自左向右方向读数,依次为①、②、③,……脚。对于双列直插式集成电路,识别其引脚时,将引脚向下,即其型号、商标向上,定位标记在左边,则从左下角第1引脚开始,按逆时针方向,依次为①、②、③,……脚,如图3-15所示。

(a) 单列直插式封装　　　　　　(b) 双列直插式封装

图 3-15　直插式集成块的读取方法

2. 集成电路的检测

集成电路常用的检测方法有非在路测量法、在路测量法。

（1）非在路测量法

非在路测量法是指集成电路未焊入到电路板时,用万用表测量各引脚对地引脚之间的正反向直流电阻值,然后与参考值进行对比,确定是否正常。

（2）在路测量法

在路测量法是指在通电情况下,用万用表直流电压挡测量集成电路各引脚对地直流电压值,并与正常值相比较。

注意事项:

① 测量电位器时,应检查其转动轴的松紧程度是否适中,有过紧或松动现象的电位器不应使用。除此之外,有碰片现象或短路的电位器也不应使用。

② 在对变压器进行测量时,通过测量阻值的方法只能判断其初次级和开路故障,而匝间短路故障是不易测出的。

【巩固训练】

1．训练目的：掌握常用电子元件的识别与检测方法。

2．训练内容：

① 识别并检测常用的几种电位器。

② 识别并检测常用的几种变压器。

③ 识别并检测常用的整流桥。

④ 识别并检测常用的不同封装的集成电路。

3．任务检查：表3-3所列为电子元件的识别和检查内容及记录。

表3-3　检查内容和记录

检查项目	检查内容	检查记录
电位器的检测	(1) 是否能正确识别电位器	
	(2) 电位器的测量是否正确	
变压器的检测	(1) 是否能正确识别变压器	
	(2)变压器的测量是否正确	
整流桥的检测	(1) 是否能正确识别整流桥	
	(2) 整流桥的识别是否正确	
安全文明操作	(1)是否注意用电安全,遵守操作规程	
	(2)是否遵守劳动纪律,注意培养一丝不苟的敬业精神	

3.3　电路原理图绘制

电路原理图的绘制软件有很多，其中由 Altium 公司设计的 Protel 软件是目前世界上最流行的电子设计软件之一，因其功能强大、简单易学已成为电子设计工作者们的首选。随着科学技术水平的发展，软件不断推陈出新，其从曾经最为流行的 Protel99SE 和 Protel 2004，再到 2009 年推出的 Altium Designer Summer 09（简称"AD9.0"），其操作越来越快捷，功能越来越强大。虽然高版本软件在功能上有所扩展和操作界面有所不同，但是其核心功能和操作方法还是建立在低版本软件基础之上的，因此，一般的电路板设计低版本的软件完全能够胜任，考虑到 Protel99SE 版本的兼容性较强，在以下的章节中可通过 Protel99SE 来绘制扩音机的电路原理图和PCB板。电路原理图的绘制基本步骤如下。

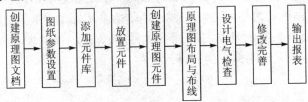

1. 创建原理图 SCH 文件

① 在桌面上双击 "Protel99SE"图标,打开后如图 3-16 所示。注意:选择保存的路径尽量不要放在桌面上。命名尽量与设计文件相同,以方便以后查找。

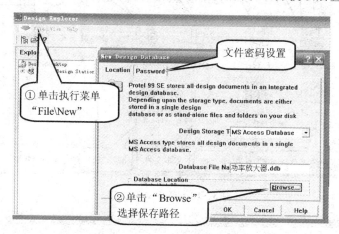

图 3-16 新建文件及保存

② 单击"OK"后,出现如图 3-17 所示的界面。

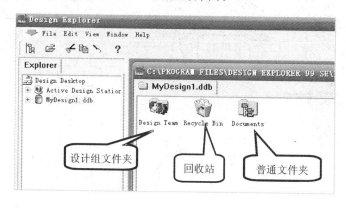

图 3-17 数据库管理器窗口

③ 在图 3-17 界面中执行菜单命令"File\New"后,弹出如图所示的对话框。共有 10 个设计文件,其具体功能如图 3-18 所示。画电路原理图则只需双击"原理图文件"即可。

④ 双击图 3-18 中的"原理图文件"后出现原理图编辑器界面如图 3-19 所示。

2. 图纸基本参数设置

单击菜单栏中的"Design",在弹出的下拉菜单中选择"Options"选项。打开后的对话框如图 3-20 所示。然后根据个人的喜好和具体要求按图中的步骤进行参数设置。此外,打开"Organization"标签可以在图纸中设置设计单位的基本信息,如图 3-21 所示。

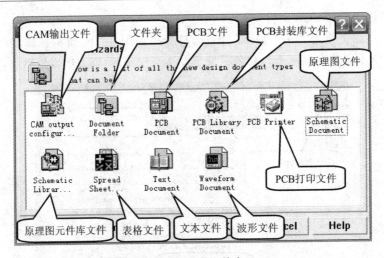

图 3-18　新建文件窗口

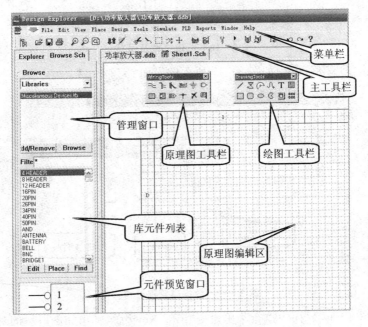

图 3-19　电路图编辑器界面

3. 添加元件库和放置元件

（1）添加元件库

按图 3-22 所示的步骤将常见的几个元件库添加到浏览窗口。Protel99SE 的原理图库保存的路径一般为"C：\Program Files\Design Explorer 99 SE\Library\Sch"，元件库比较多，而常用的几个库为"Miscellaneous Devices. lib"、"Protel DOS Schematic. Lib "和"Sim. lib"，将这三个库都按同样的方法添加。

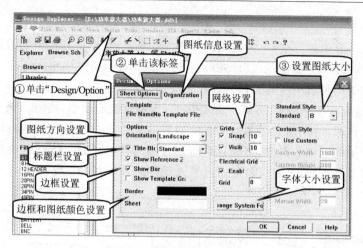

图 3-20 电路图编辑器界面

图 3-21 电路图编辑器界面

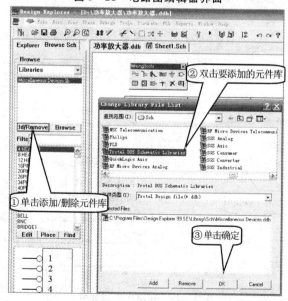

图 3-22 添加元件库

电子产品设计与制作

（2）放置元件

放置元件有两种方法：一种是通过单击"Wiring tools"工具栏中的放置元件图标，会出现如图 3-23 所示"Place Part"对话框。在对话框中输入相应的参数后单击"确定"按钮即可将所需的元件放置在相应的位置。

注意：这几个参数中，"lib Ref"是必填的，否则会提示出错，找不到该元件。如若不知道元件名称，可采用如图 3-24 所示的另一种方法，即通过浏览窗口进行查找。但是元件库中的元件非常多，有些有具体型号的元件，比如集成电路，通过一一浏览的方法有时不易查找，这时可参照通过输入元件型号的方法查找，如图 3-25 所示。

图 3-23　更改元件参数

图 3-24　放置元件

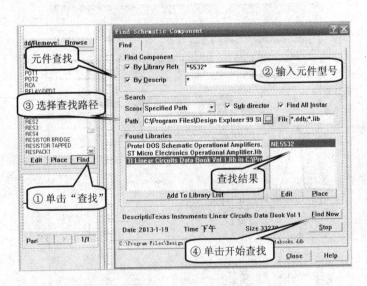

图 3-25　在库中查找元件

（3）设置元件参数

用鼠标左键双击该元件，弹出"Part"对话框，如图 3 - 26 所示。在几个选项中输入相应的参数，也可在编辑之前，用鼠标单击需要编辑属性的元件，按住鼠标左键不放，同时按下 Tab 键，也可弹出"Part"对话框。有些同一个元件会由几个单元构成，注意其元件编号要一致，否则在后期的 PCB 设计中会出现几个该元件，其设置方法如图 3 - 27 所示。

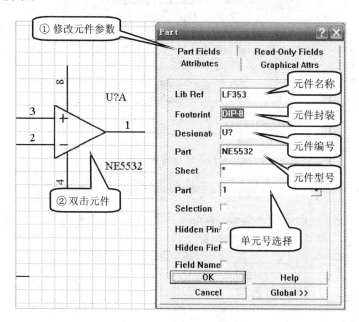

图 3 - 26　更改元件参数

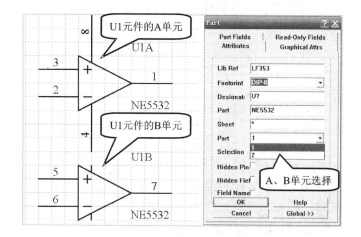

图 3 - 27　元件单元选择

4. 创建原理图元件

① Protel99SE 提供了有原理图元件库编辑器,对于库中没有的元件,设计者可以根据自己的要求进行创建。在工程文件环境下执行菜单命令"File\New"后,弹出如图 3-28 所示的对话框,双击"原理图元件库文件"后,即可打开原理图元件库文件主界面,如图 3-29 所示。

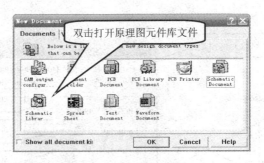

图 3-28　新建原理图元件

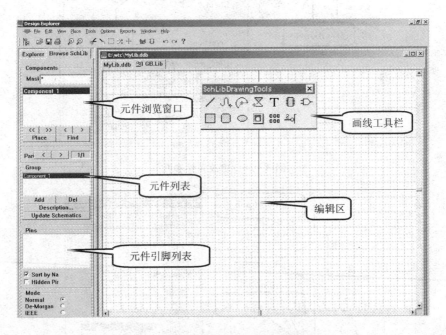

图 3-29　原理图元件库文件主界面

② 以画一个双联电位器为例,先用画线工具中的画直线工具,画出元件的外形,如图 3-30 所示。注意:在作图时元件要放置在坐标原点附近,否则在绘制电路原理图时放置该元件会造成鼠标与元件相隔很远。

③ 用"增加元件"工具添加元件引脚,放置之前按下"Tab"键,设置引脚参数,注意:引脚编号和引脚名称可以相同,引脚名称可以不设,但是引脚编号一定要有。此

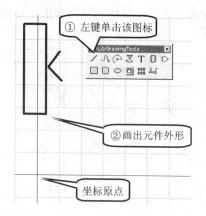

图 3 - 30 绘制双联电位器图库文件

外,在放置引脚时有黑点的那头要朝外,且接触点不能超出元件外形边框,其操作步骤如图 3 - 31 所示。

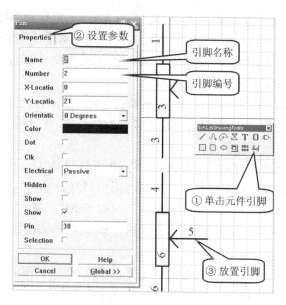

图 3 - 31 设置库文件引脚参数

画好的元件可直接单击元件浏览窗口下方的"Place"并直接放置在原理图中,也可以在原理图编辑器中通过添加库的方式载入。

5. 布局与连线操作

(1) 元件的布局

为保证连线方便和图形整体效果美观合理,在对元件进行连线操作之前,应首先将各个元件摆放在合适的位置。其要求是:先放置核心元件,然后再放置外围元件,各个元件之间摆放应紧凑、均匀,尽量减少连线拐弯时不用多余的线。元件布局并非是一步完成,需要与连线配合多次调整才可最终完善。本例的电源部分布局如图 3 - 32 所示。

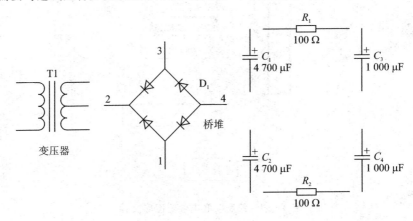

图 3 - 32　元件布局

（2）元件的放置操作

元件的放置操作一般有移动、旋转、反转、复制粘贴、删除和整体操作等。

移动:指向要移动的元件,用左键按住不放,拖拽到指定位置松开鼠标左键即可。

旋转:选中该元件,按住鼠标左键不放,同时按动空格键,每按动一次元件旋转 90°,当元件调整到位后,松开鼠标左键即可。

复制粘贴:选中要复制的元件,再按下快捷键"Ctrt ＋ C",然后指向该元件,用鼠标左键单击即可完成复制,然后将鼠标指向需要复制的位置,按下快捷键"Ctrt＋V"即可完成粘贴。

删除:指向需要删除的元件单击鼠标左键,按下快捷键"Delete"即可完成操作。

整体操作:整体操作就是将多个元件同时选中,做同样的移动、删除和旋转等操作的方法。用鼠标左键点中其中一个元件,按住"Shift"键不放,再单击其他元件。也可以采用直接按住鼠标左键不放,然后框选待整体操作的元件。

（3）连线操作

元件布局完成后,就可以进行布线操作了。注意:布线采用的工具栏是"Wirling Tools",而不要误用"Drawing Tools"。因为"Drawing Tools"工具不具有电气连接特性,会导致原理图出错。此外,应避免这几种情况:连线超过了元件引脚顶端、连线多处拐弯、两元件引脚直接连接、两连线间有重叠。

（4）放置网络标号、电源和接地元件

为了简化电路,可用两个（或多个）同名的网络标号实现两个点（或多个点）之间的电气连接,只需在两个点（或多个点）各放置一个同名的网络标号即可实现,如图 3 - 33 所示。放置电源线和接地符号,均采用的是放置工具栏中的"接地端口",只需要将名称更改即可,如图 3 - 34 所示。最后经过修改完善后的电路原理图如图 3 - 6 所示。

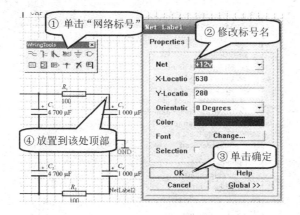

图 3 - 33　设置库文件引脚参数

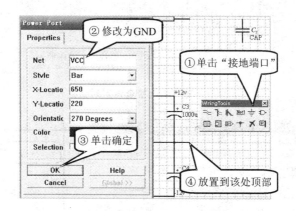

图 3 - 34　设置库文件引脚参数

6. 原理图电气检查

完成电路原理图的绘制后,通常要进行电气规则检查,以查找电路原理图中可能存在的各种人为造成的错误或疏漏,比如:元件编号重复、各元件之间未连接等。选择执行菜单命令"Tools\ERC",即可出现如图 3 - 35 所示的"Setup Electrical Rule Check"对话框。对话框中的"ERC Options"选项栏有各种检查规则选项,可根据需要进行修改,亦可采用默认值,单击"OK"按钮,确定后系统开始检查并生成相应的测试报表,测试报表如图 3 - 36 所示。我们暂时断开"＋16 V"电源网络标号和其中一处"GND"接地点后,可以看出报表中给出了两个警告:"＋16 V"电源和"GND"接地连接网络有未连接的情况。同时,原理图中会在错误处生成相应错误符号,如图 3 - 36 所示。

7. 报表输出

完成电气检查后,电路原理图还可生成各种报表:有元件清单表、层次项目组织列表、交叉参考元件列表、引脚列表和网络表。本例仅介绍元件清单表的生成。

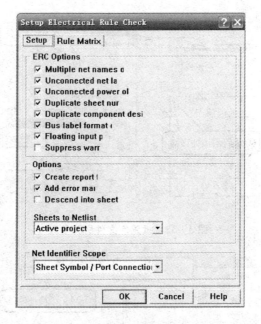

图 3 - 35　电气检查设置对话框

图 3 - 36　电气检查报表及出错标记

　　元件清单表主要用于整理一个电路或者一个项目文件中所有的元件,它主要包括元件的名称、标号、封装等内容。其操作过程是:打开电路原理图文件,执行菜单命令"Reports",弹出的下拉菜单中选择"Bill of Material"选项即可打开如图 3 - 37 所示的对话框,选择好报表的来源后单击"Next"按钮,进入如图 3 - 38 所示对话框,可进行显示内容的设置。选择好后单击"Next"按钮进入"列项目定义"对话框,如图 3 - 39 所示,该选项可进行元件类型、元件标号、元件引脚和元件描述的定义。确定后单击"Next"按钮进入"表格输出格式"选项对话框,如图 3 - 40 所示。选择好表格输出格式后单击"Next"按钮进入"完成"提示对话框,如图 3 - 41 所示。如果需要返回修改,可单击"Back"按键,单击"Finish"后即可立即生成元件清单列表,如图 3 - 42 所示。

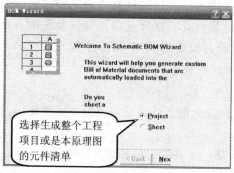

图 3 - 37　元件选择对话框

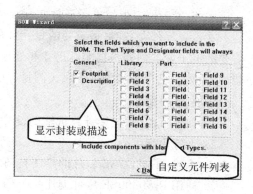

图 3 - 38　清单内容选择对话框

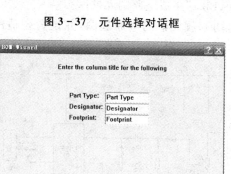

图 3 - 39　清单标题设置对话框

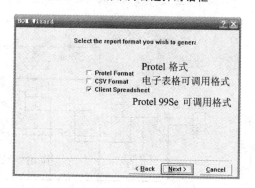

图 3 - 40　清单格式选择对话框

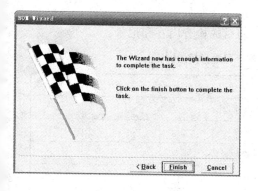

图 3 - 41　完成对话框

	A	B	C	D	E
1	Part Type	Designator	Footprint		
2	1 μF	C7	电容1		
3	1 μF	C10	电容1		
4	1 μF	C8	电容1		
5	1 μF	C9	电容1		
6	10 kΩ	R6	AXIAL0.5		
7	10 kΩ	R7	AXIAL0.5		
8	10 μF	C5	电容2		
9	10 μF	C6	电容2		
10	47 kΩ	R3	AXIAL0.5		
11	47 kΩ	R4	AXIAL0.5		
12	100	R1	AXIAL0.5		
13	100	R2	AXIAL0.5		
14	100 kΩ	R8	AXIAL0.5		
15	100 kΩ	R5	AXIAL0.5		
16	1000 μF	C3	RB.2/.4		
17	1000 μF	C4	RB.2/.4		

图 3 - 42　生成的元件清单报表

注意事项：

① 绘制电原理图时,注意不要选择错误的画线工具,否则在电气检查中会通不过。连线尽量不要有太多交叉,否则容易发生连线错误和短路。

② 设置属性要根据电子元件实际尺寸和外形导入元件封装或手工绘制元件封装。在设置元件参数时,最重要的是元件的封装形式要选择正确。最好是先配齐所需要的电子元器件并根据实际尺寸和外形选择好封装形式,如果库中没有现成的封装,则需要自己根据实物用卡尺去测量好引脚间距和外形尺寸。

【巩固训练】

1. 训练目的:掌握用计算机辅助设计软件绘制电子线路原理图的方法和技巧。

2. 训练内容:

① 练习 Protel99SE 软件的绘图技巧,绘制一个共发射极单管放大电路。

② 使用 Protel99SE 软件创建一个"TDA1521"集成电路的元件库。

③ 参照使用 Protel99SE 软件绘制下面功率放大器的电原理图,并设置合适的元件属性。

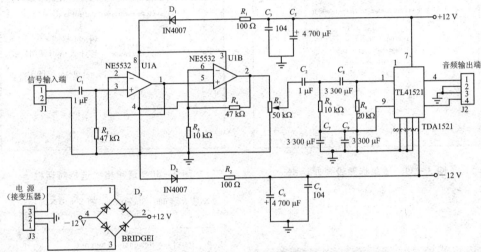

3. 任务检查:表3-4所列为电路图绘制后的检查内容和记录。

表3-4 检查内容和记录

检查项目	检查内容	检查记录
绘制电原理图	(1) 根据提供的资料正确绘制电原理图	
	(2) 正确绘制元件库没有的元件符号	
	(3)正确设置元件参数,选择正确的封装	
安全文明操作	(1) 注意用电安全,遵守操作规程	
	(2) 遵守劳动纪律,一丝不苟的敬业精神	
	(3) 保持工位清洁,正确使用计算机,养成人走关机的习惯	

任务4 扩音机印刷电路板的设计与制作

【任务导读】

在掌握了上一任务的基本知识后,本次任务将介绍扩音机电路板的设计、制作以及电路板的组装工艺和调试方法。

在本次任务中,将继续采用扩音机这一载体讲解 Protel99SE 软件的使用方法,即介绍使用该软件进行扩音机电路板的设计方法,当中涵盖了电路板的设计规则、绘图工具栏使用和环境设置等主要内容;电路板设计好后,可将采用详实的图文方式按顺序讲解、介绍一种简单、快速和高效的手工制作电路板的方法;最后,文中详细介绍了电路板的组装工艺方法和要求以及扩音机调试的基本参数和要求,使读者较全面了解电路板从设计、制作、组装和调试的整个过程。

4.1 印刷电路板设计基础

印刷电路板的设计是有效解决电磁兼容性问题的途径,它不仅可以减小各种寄生耦合,同时能做到简化结构、调试方便、美观大方和降低成本。印刷电路板的设计需要考虑到元件布局、布线等诸多因素,这些都是印刷电路板设计成功的关键。

布局是印刷电路板设计的最关键环节之一,在布局时要遵循一定的规则。同时,在对印刷电路板进行布局之前,首先要对设计的电路有充分的分析和理解,只有在此基础之上才能做到合理、正确的布局。

1. 布局规则

(1) 整体布局要美观大方、疏密恰当和重心平稳

布局就是将元件封装按一定的规则排列和摆放在电路板中。在保证电气性能的前提下,元件应放置在栅格上且相互平行或垂直排列,以求整齐、美观,一般情况下不允许元件重叠,元件排列要紧凑。大而重的元器件尽可能安装在印刷板上靠近固定端的位置,并降低重心,以提高机械强度和耐振、耐冲击能力,以及减小印刷板的负荷变形,如图 4-1 所示。

(2) 按照信号走向布局

通常按照信号的流程逐个安排各个功能电路单元的位置,以每个功能电路的核心元件为中心,围绕它进行布局。元件的布局应便于信号流通,使信号尽可能保持一致的方向。多数情况下,信号的流向要按照信号的顺序排列,安排输入、输出端,应尽可能远离,输入与输出之间用地线隔开,如图 4-2 所示。

(3) 防止电磁干扰

对辐射电磁场较强的元件,以及对电磁感应较灵敏的元件,应加大相互之间的距离或加以屏蔽,元件放置的方向应与相邻的印制导线交叉。尽量避免高低电压器件相互混杂、强弱信号的器件交错在一起。对于会产生磁场的电感器件,如变压器、扬

图 4-1　合理美观的整体布局

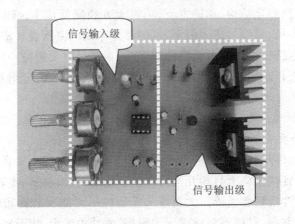

图 4-2　信号输入、输出级相隔离

声器、继电器和电感等,布局时应注意减少磁力线对印制导线的切割,相邻元件磁场方向应相互垂直,减少彼此之间的耦合,如图 4-3 所示。

（4）抑制热干扰

对于发热元件,应优先安排在利于散热的位置,必要时可以单独设置散热器或小风扇,以降低温度,减少对邻近元件的影响。一些功耗大的集成块,大或中功率管和电阻等元件,要布置在容易散热的地方,并与其他元件隔开一定距离,如图 4-4 所示。

（5）可调元件的布局

对于电位器、可变电容器、可调电感线圈或微动开关等可调元件的布局应考虑整机的结构要求,若是机外调节,其位置要与调节旋钮在机箱面板上的位置相适应;若

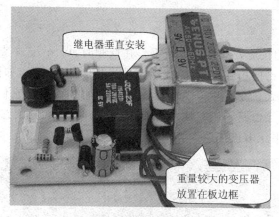

图 4 - 3　电感类器件的布局

图 4 - 4　带散热器件的布局

是机内调节,则应放置在印制电路板便于调节的地方,如图 4 - 5 所示。

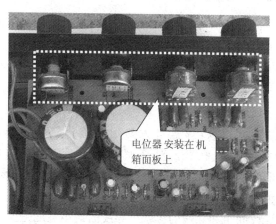

图 4 - 5　可调元件的布局

2. 布线规则

(1) 地线的布设

① 选择正确的接地方式　当电路工作在低频时,可采用"一点接地"的方式,每个电路单元都有自己的单独地线,因此不会干扰其他电路单元,如图 4-6 所示就是典型的一点接地方式。在实际布线时并不能绝对做到,而是使它们尽可能安排在一个公共区域之内。当电路工作在频率 10 MHz 以上时,即高频状态,就不能采用一点接地的方法,而是采用多点接地。

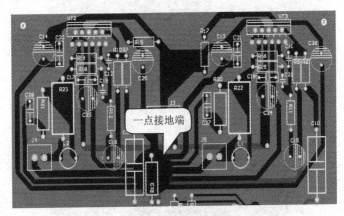

图 4-6　典型的一点接地

② 数字地与模拟地分开　电路板上既有高速逻辑电路,又有线性电路,应使它们尽量分开,两者的地线不要相混,分别与电源端地线相连。低频电路的地应尽量采用单点并联接地,实际布线有困难时可部分串联后再并联接地;高频电路宜采用多点串联接地,地线应短而粗。高频元件周围尽量用栅格状大面积地箔,要尽量加大线性电路的接地面积。

③ 接地线应尽量加粗　采用短而粗的接地线,增大地线截面积,以减小地阻抗,如图 4-7 所示。如有可能,接地线的宽度应根据电路板的实际大小尽量的大。此外,根据电路电流的大小,也应该相应加粗电源线宽度,以减少环路电阻。

(2) 印制焊盘和印制导线

① 焊盘的尺寸和形状　焊盘的尺寸取决于焊接孔的尺寸,焊盘直径应大于焊接孔内径的 2~3 倍,但不宜过大,焊盘过大易形成虚焊。焊盘外径 D 一般不小于 $(d+1.2)$mm,其中 d 为引线孔径。对高密度的数字电路,焊盘最小直径可取 $(d+1.0)$mm。焊盘形状的选用没有太具体的规则,一般多选择圆形,也可根据需要选择正方形、椭圆形和八角形等。

② 导线宽度、导线间距和导线的形状　导线的最小宽度主要由导线与绝缘基板的粘附强度和流过它们的电流值决定。当铜箔厚度为 0.5 mm、宽度为 1~15 mm时,通过 2 A 的电流,温升不会高于 3℃。因此,导线宽度为 1.5 mm 可满足要求。对

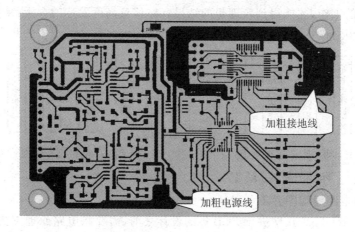

图 4-7　接地线和电源线加粗

于集成电路,尤其是数字电路,通常选 0.02~0.3 mm 导线宽度。当然,只要允许,还是尽可能用宽线,尤其是电源线和地线。导线的最小间距主要由最坏情况下的线间绝缘电阻和击穿电压决定。对于集成电路,尤其是数字电路,只要工艺允许,可使间距小于 0.1~0.2 mm。

对于导线的形状,应走向平直,不应有急剧的弯曲和出现夹角,拐弯处通常采用圆弧形状,而直角或锐角在高频电路中会影响电气性能;导线要尽可能避免采用分支,如必须有,分支处应圆润,具体可参照图 4-8。

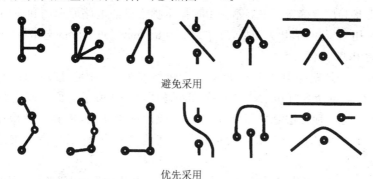

避免采用

优先采用

图 4-8　避免采用和优先采用的布线方式

4.2　扩音机印刷电路板设计

4.2.1　印刷电路板的设计内容

印刷电路板的设计是指根据设计人员的意图,将电路原理图转换成印制版图和确定加工技术要求的过程。印刷电路板的设计是一个既繁琐又细致的工作,需要经过多个过程才能最后完成。在实际的设计过程中,往往要经过多次周密的修改,重复前面已做过的工作,才能得到较理想的结果。在信息高度发达的今天,采用计算机辅助设计电路板给设计者带来了很大方便,其设计内容大致分为图中的几个步骤。

下面以上述原理图为例讲解用 Protel99SE 进行扩音机的 PCB 板设计过程。

4.2.2 印刷电路板的设计

1. 绘制电路原理图并准备材料

在用 Protel99SE 软件进行 PCB 板的设计之前,需要将电路原理图先绘制出来,这是因为各元器件的电路连接关系正是由电路原理图通过网络表导入到 PCB 编辑器界面下的。当然,如果是较简单的电路,可以直接在 PCB 编辑器环境下进行布线操作。此外,还应将制作电路板所需要的电子元件和覆铜板等材料准备好,以便在进行电路板设计时可以做到"有的放矢"。

2. 规划电路板

规划电路板是指设计者根据电路的复杂程度对电路板采用的层数、形状和尺寸大小等进行预先的规划。这当中要考虑到具体的元器件实物大小、安装要求、外壳形状大小以及性能和抗干扰等因素。只有把这些诸多因素考虑进去才可以最终将 PCB 板的尺寸大小、形状和层数确定下来。本例中根据本扩音机的电路原理图和使用的元器件数量,决定采用单层板,形状为矩形,尺寸大小为 86 mm×96 mm 的电路板。

3. 新建 PCB 文件

在 Protel99SE 软件中创建 PCB 文件有两种方法:一种是直接在打开的工程文件界面下执行菜单命令"File\New",在弹出的如图 4-9 所示界面中双击"PCB Document"即可。另一种方法是采用 PCB 文件生成向导来实现,因其方便快捷,可快速自动生成 PCB 板所需的边框形状大小和各种其他参数设置,设计者较常采用,其具体操作步骤如下:

① 执行菜单命令"File\New",在弹出的如图 4-10 所示界面中按"①、②"步骤操作。

② 按照如图 4-11 所示对话框中的步骤进行 PCB 板型选择和尺寸单位选择操作。

③ 在如图 4-12 所示界面中进行 PCB 板的宽度和高度尺寸设置,并将"板边框拐角"和"板镂空"勾选项去掉,单击"下一步"按钮,进入下一级对话框。

④ 图 4-13 所示为边框设置界面和 PCB 板标题栏设置界面,可以标注设计标题、单位名称、编号和设计者等信息。

⑤ 进入如图 4-14 所示对话框,可进行双层板、四层板和六层板等,本例采用两层板模式(在布线时可通过其他设置,即采用禁用方式更改为单面布线)。

图 4 - 9　新建文件窗口

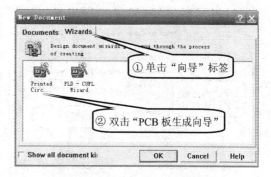

图 4 - 10　PCB 板生成向导对话

图 4 - 11　PCB 板型及尺寸单位选择对话框

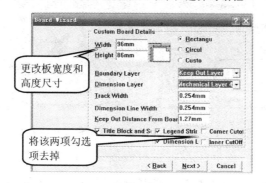

图 4 - 12　板宽度和高度尺寸设置对话框

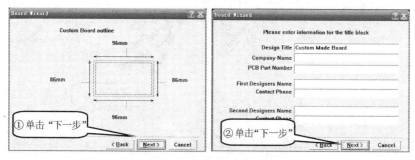

图 4 - 13　板边框设置界面和 PCB 板标题栏设置

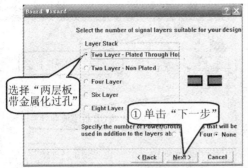
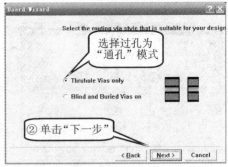

图 4 – 14　PCB 板层数与过孔模式选择

⑥ 进入如图 4 – 15 所示对话框,左侧对话框可进行放置元件类型的设置,可选择"表面贴装元件"和"通孔元件"两种模式,本例选择"通孔元件"模式。此外,还可设置焊盘间允许通过的最多导线的数目,本例选择过两根。右侧对话框可进行最小导线宽度、最小过孔外直径、最小过孔内直径和最小线间距的设置,本例采用默认值。

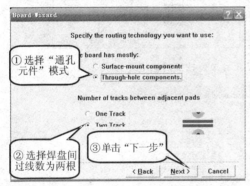
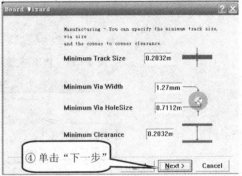

图 4 – 15　放置元件类型、焊盘与设置布线参数

⑦ 进入如图 4 – 16 所示对话框,进行模板保存和完成创建。

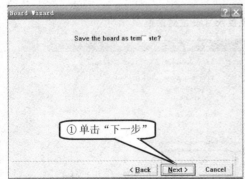

图 4 – 16　确定并完成向导设置

⑧ 创建完成的 PCB 模板文件如图 4-17 所示。

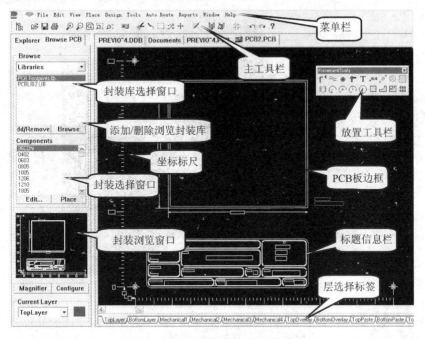

图 4-17 创建完成的 PCB 文件

4. 在电路原理图中添加元件封装

① 打开已画好的电路原理图,双击需要添加封装的元件,弹出如图 4-18 所示的对话框。以添加电阻的封装为例,因本例所用电阻封装为同一种,故采用"全局修改"进行设置,具体步骤参照本图。如果不知道封装的具体名称,可在 PCB 编辑器中进行元件封装的预览和测量,如图 4-19 所示。测量单位最好选择"毫米"单位(mil

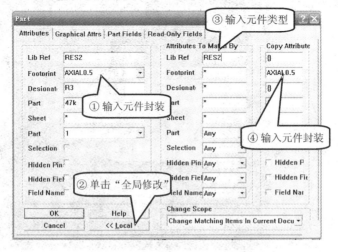

图 4-18 参数全局修改对话框

单位换算较麻烦,1mil＝0.0254 mm),可通过快捷键"Q"进行切换。

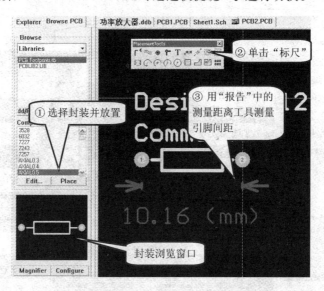

图 4－19　元件封装库预览

②　Protel99SE 软件自带的封装库数量有限,有时需要根据具体的元件实物进行封装的编辑。执行菜单命令"File\New",在弹出的图 4－9 所示界面中双击"PCB library Document"即可,生成的 PCB 元件封装库编辑器界面如图 4－20 所示。

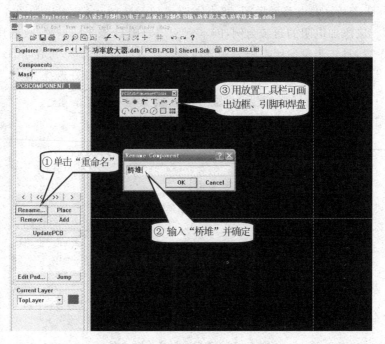

图 4－20　PCB 元件封装库编辑器界面

下面以画桥堆的封装为例讲解。首先用游标卡尺或直尺对桥堆实物进行测量，记下边框和引脚间距尺寸及焊盘孔大小。然后用作图工具进行绘制，如图4－21所示。注意：放置的焊盘编号与电路原理图的引脚编号要严格一致，否则会导致实际制作时引脚顺序出错。

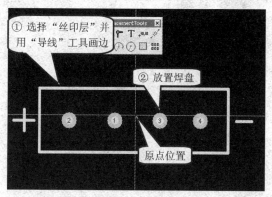

图4－21 创建桥堆的封装文件

5. 装入网络表和元件封装

在电路原理图编辑器中执行菜单命令"Design\Updata PCB"，选择对应的PCB板后出现如图4－22所示对话框，该对话框可对装入PCB板中的网络表和封装进行预览，如果出现错误提示，则需找出错误原因并修改，只有全部正确时才可单击"执行"。装入网络表和封装的PCB编辑器如图4－23所示。

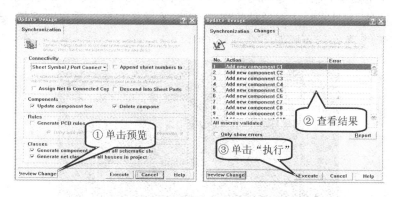

图4－22 网络表及元件封装预览

6. 元件布局

在Protel99SE软件中元件布局有两种方式：一种是软件提供的自动布局功能，另一种则是人工布局，即通过鼠标左键的拖拽和空格键旋转将元器件放置在相应的位置上来实现。自动布局功能的效果一般很难达到预期效果，最终还是要通过人工调整来实现，故一般多采用人工布局方式。元件布局是整个PCB设计过程中最重要的一环，元件布局的质量直接影响到后面的布线工作，甚至是整个电路板的工作状

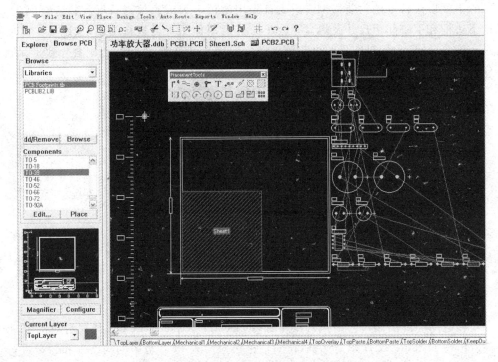

图 4 - 23　装入网络表和封装的 PCB 编辑

态。同一个电路中,元件的布局可以有若干种不同的方式,但一定要选择最合理的布局方式。此外,元件布局中元器件的移动、旋转等操作与电路原理图相似,这里不再赘述,本例的参考元件布局如图 4 - 24 所示。

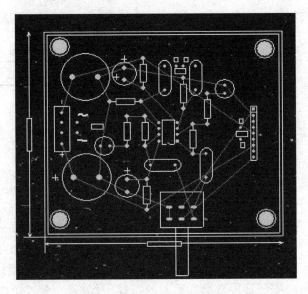

图 4 - 24　PCB 板元器件布局图

7. 自动布线

Protel99SE 软件提供了强大的自动布线功能,只要元件布局和规则设置合理,其布通率几乎高达 100%。但由于软件设计缺点和设计情况的复杂不可预测性,导致了自动布线功能的使用受到较大限制。所以,在不是很复杂的电路板设计中,通常使用先自动布线、再通过人工修改的方式进行设计。而对于较复杂的大工程电路板设计中,通常直接采用手工布线方式。

① 自动布线规则设置 在实现自动布线功能时,需要预先进行各项参数设置,这其中包括:最小间距设置、布线拐角模式设置、布线层面设置、布线优先级设置、布线拓扑结构参数设置、过孔大小设置和布线宽度设置。本例中只需要进行布线层面和布线宽度两项参数设置。执行菜单命令"Design\Rules",弹出如图 4 - 25 所示对话框,因本例采用单面布线方式,故将顶层设置为"禁用"。双击"Width constraint"进行布线宽度设置(见图 4 - 26),可通过"添加"的方式追加布线宽度的设定(见图 4 - 27),是追加地线"GND"的布线宽度规则。若要追加其他比如电源线的布线宽度可参照此法。

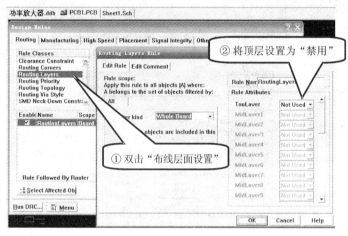

图 4 - 25 布线层面设置

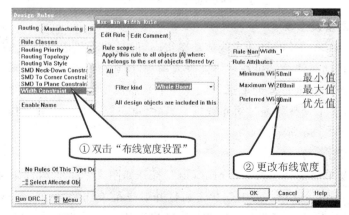

图 4 - 26 布线宽度设置

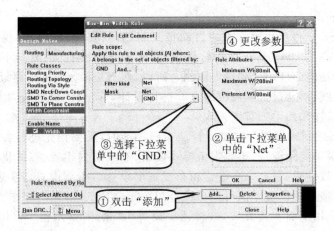

图 4-27   追加布线宽度的设定

② 执行菜单命令"Auoto Route\All",弹出如图 4-28 所示对话框,执行自动布线后的结果如图 4-29 所示。

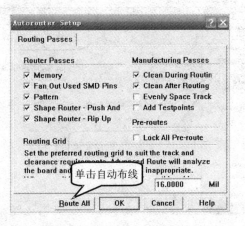

图 4-28   执行自动布线

8.手工调整及修改

虽然 Protel 99 SE 的自动布线成功率很高,但是并不代表其布线的结果是合理的。实际上,自动布线的结果往往不能令人满意,最典型的缺点就是布置的走线拐弯太多,有一些布线甚至是舍近求远。因此一个最后成型的 PCB 板图,经常需要在自动布线后进行手工调整。通过对布线进行删除、重布、移动、加粗等操作,最终完成的 PCB 板图如图 4-30 所示。

9.打印输出

① 执行菜单命令"File/Print printout",打开如图 4-31 所示打印设置界面,将鼠标指向"Multilayer Composite",单击后打开下拉菜单选择"properties"属性选项,打开打印输出选项框进行设置。注意:各层放置的上下位置应是"Multilayer、Bot-

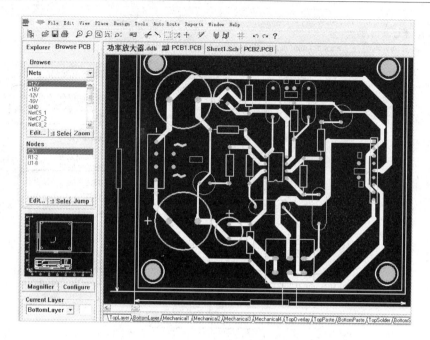

图 4-29 自动布线后的结果

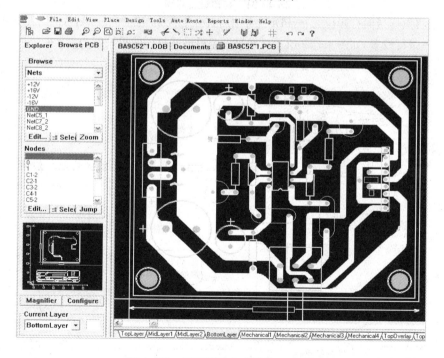

图 4-30 手工修改完成后的 PCB 板

tomLayer 或 TopLayer 和 Mechanical4"。否则,会出现焊盘孔无法显示的情况。

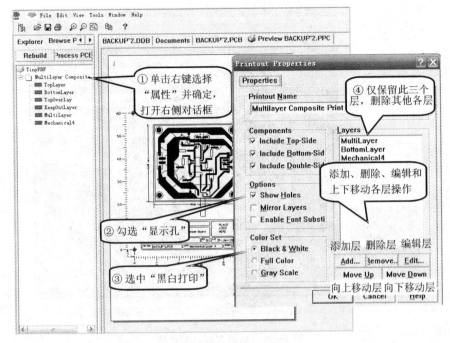

图 4-31　打印设置界面

② 将鼠标指向打印机"TinyPDF",右击后打开下拉菜单选择"properties"属性选项,打开选项框进行设置,如图 4-32 所示。经过设置后最终打印效果预览如图 4-33 所示。

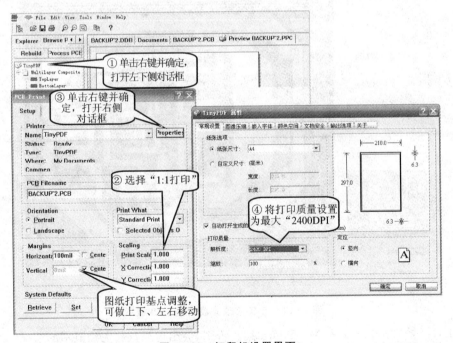

图 4-32　打印机设置界面

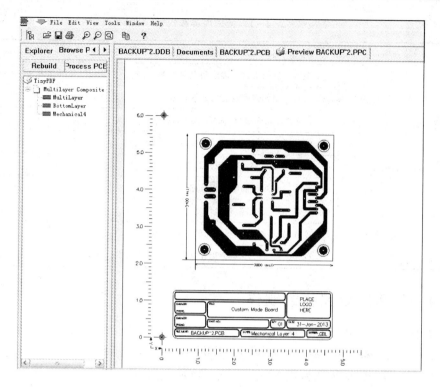

图 4 - 33　打印预览效果

注意事项：

① 元件布局　对于电路板设计而言,这是非常关键的一步。根据电路图并考虑元器件的布局和布线的要求,哪些元件需要加固,要散热,要屏蔽,哪些元件在板外,需要多少连线,输入和输出在什么位置等。

② 手工布线　这是电路板设计的最后一步,也是最关键的一步,很多同学为了图省事方便往往采用自动布线。其实,Protel99SE 软件提供的自动布线功能存在很多缺陷,往往不能达到预期效果,到最后都要用手工调整。所以,在一般情况下,还是采用手工布线为好。

【巩固训练】

1. 训练目的：

① 掌握印刷电路板的一般设计规则。

② 掌握印刷电路板设计的基本方法与技巧。

2. 训练内容：

根据画好的功率放大器电原理图和准备好的电子元件和材料进行 PCB 板设计。

3. 任务检查:表4-1所列为印刷电路板的检查内容和记录。

表 4 - 1　检查内容和记录

检查项目	检查内容	检查记录
绘制电原理图	(1) 根据提供的资料正确绘制电原理图	
	(2) 正确绘制元件库没有的元件符号	
	(3) 正确设置元件参数,选择正确的封装	
设计印刷电路板图	(1) 将导入 PCB 板中的元件进行布局调整	
	(2) 设置布线规则,编辑元件封装	
	(3) 按布线规则绘制电路板线路	
安全文明操作	(1) 注意用电安全,遵守操作规程	
	(2) 遵守劳动纪律,一丝不苟的敬业精神	
	(3) 保持工位清洁,正确使用计算机,养成人走关机的习惯	

4.3　印刷电路板的制作

4.3.1　印刷电路板的制造

1. 印刷电路板的制造工艺流程

工业上生产印刷电路板比较复杂,一般要经过数十道工序才能最终完成,其大致的制造工艺流程如下:

① 底图制版　在印制电路板设计完成后,就要绘制照相底图,可采用手工绘制或计算机辅助设计(CAD),按 1∶1、2∶1或 4∶1比例绘制,它是制作印制板的依据。然后再由照相底图获得底图胶片,确定印制电路板上要配置的图形。获得底图胶片有两个基本途径:一是先绘制黑白底图,再经照相制版得到,二是利用计算机辅助设计系统和激光绘图机直接绘制出来。

② 机械加工　印制电路板的外形和各种用途的孔(如引线孔、中继孔、机械安装孔等)都是通过机械加工完成的。机械加工可在蚀刻前进行,也可在蚀刻后进行。

③ 孔的金属化　孔的金属化就是在孔内电镀一层金属,形成一个金属筒,与印制导线连接起来。双面和多层印制电路板两面的导线和焊盘的连接就是通过金属化孔来实现的。

④ 图形转移　图形转移就是将电路图形由照相底版转移到覆铜板上去。常见的方法有丝网漏印法和光化学法。

⑤ 蚀刻　蚀刻就是将电路板上不需要的铜箔腐蚀掉,留下所需的铜箔线路。常用的蚀刻溶液有三氯化铁、酸性氯化铜、碱性氯化铜、过硫酸铵和氨水等。

⑥ 金属涂覆　在印制板的铜箔上涂覆一层金属,可提高印制电路的导电性、可靠性、耐磨性,延长印制板的使用寿命。金属镀层的材料有:金、银、锡、铅锡合金等。方法有电镀和化学镀两种。

⑦ 涂阻焊剂、印字符　涂阻焊剂的作用是限定焊接区域,防止焊接时造成短路,防止电路腐蚀,常见的阻焊剂是"绿油"。印字符是为了电路板元器件的装配和维修方便。

⑧ 涂助焊剂　在印制电路板上,特别是焊盘的表面喷涂助焊剂,可以提高焊盘的可焊性。

⑨ 检验　最后工序是检验加工印制电路板质量并包装,成品出厂。

2. 印刷电路板的手工制作方法

（1）雕刻法

此法最直接。将设计好的 PCB 板图用铅笔画在覆铜板的铜箔面上,使用特殊雕刻刀具或者美工刀,直接在覆铜板上用力刻画,去除并撕去图形以外不需要的铜箔,保留电路图的铜箔走线。此法适合制作一些铜箔走线比较平直、走线简单的小电路板。

（2）手工描绘法

在没有采用计算机 CAD 设计的情况下,此法被广泛采用。其具体方法是:先将设计好的 PCB 板图用复写纸复写到覆铜板的铜箔面,然后按照线路部分用记号笔、涂改液或者油漆(将油漆装入注射器中,并将针尖磨平进行涂画效果较好)等在线路上覆盖一层保护层。待保护层晾干后将覆铜板放入三氯化铁溶液中进行腐蚀,由于线路部分涂有保护层而被保留了下来,除去保护层后再涂抹上酒精松香水,最后再打上孔就是一块 PCB 板成品了。

（3）热转印法

此法通常与计算机 CAD 设计相结合使用,制作工艺简单、速度快、精度高,是目前电子爱好者最常采用的手工制作方法之一。其原理是先用激光打印机把设计好的电路图打印在一种特殊的热转印纸上(其打印面较光滑),然后通过加温和加压的方式将打印在热转印纸上的电路图转移到电路板上,从而使电路板上覆盖一层电路图形的碳粉,然后再采用腐蚀法将电路板不需要的部分去掉。

（4）感光法

此法也是电子爱好者常采用的手工制作方法之一。是采用一种具有感光特性材料的感光膜贴覆在电路板上,再将经过黑白反转处理后的电路图打印在透明胶片上,然后将透明胶片覆盖在电路板上用紫外线曝光机曝光,最后用显影剂将未曝光的部分去除,就可得到留有带膜线路的电路板了,具体方法见"任务 8"。

（5）PCB 雕刻机制作法

PCB 板雕刻机又称电路板刻制机、线路板刻制机,如图 4-34 所示。即采用机械雕刻技术直接用刀具刻制电路图形,制作电路

图 4-34　PCB 雕刻机

板的设备。可根据 PCB 线路设计软件(如 Protel)设计生成的线路文件,自动、精确地制作单、双面印制电路板。用户只需在计算机上完成 PCB 文件设计并依据生成加工文件后,通过 LPT 通信接口传送给雕刻机的控制系统,雕刻机就能快速自动完成雕刻、钻孔、隔边的全部功能,制作出一块精美的线路板来,真正实现了低成本、高效率的自动化制板。

4.3.2　热转印法制作印刷电路板

热转印法制作印刷电路板方法简单,精度高,相对其他制作方法成本较低,是手工制作单面印刷电路板的首选方案。其原理是采用特殊的热转印油墨把各种图案印刷在特殊的热转印纸上面,然后通过加温和加压的方式将打印在热转印纸上的图案转移到产品上。热转印法制作 PCB 板是利用一般的激光打印机将 PCB 版图打印在热转印纸上,再将热转印纸上的 PCB 版图转移到覆铜板上的一种制作方法。

1. 所需设备材料准备

如图 4 - 35 所示,热转印法并不需要多么昂贵的设备和材料,业余条件下完全可以制作出精度极高的印刷电路板。

图 4 - 35　热转印法所需的工具材料

所需设备:

① 一台激光打印机或者一台复印机(复印机需要有复印原稿,原稿可以用喷墨打印机打印出来)。

② 一台热转印机或一台老式电熨斗(非蒸气式)。

③ 一台台钻,配置直径为 0.5~3 mm 的钻头。

工具材料:

① 一张热转印纸。

② 一只油性记号笔。

③ 一瓶三氯化铁及用于腐蚀的容器(不能为铁或铜的)。

④ 一块覆铜板(单面或双面),这里以单面板为例。

⑤ 一把锯弓或裁板机,一张细砂纸,一把美工刀。

2. 制作步骤

(1)打印PCB板图

将PCB版图用激光打印机打印到热转印纸光滑的一面上。注意,热转印法制作打印时不要选择镜像。

(2)裁剪处理PCB板

根据设计的PCB板图边框尺寸将覆铜板毛料用钢锯裁剪到合适大小,注意在裁剪时留些余量。裁剪好后覆铜板要用锉刀将边框的毛刺修整光滑,然后将覆铜板有覆铜的一面用洗涤剂清洗干净,以使热转印油墨能有效的附着。

(3)覆热转印纸

把打印好的热转印纸有图的一面平铺到PCB板有覆铜的一面,用透明胶或双面胶固定一个边,选择一个光滑平整的工作台,将覆好热转印纸的PCB板放置在上面,如图4-36所示。

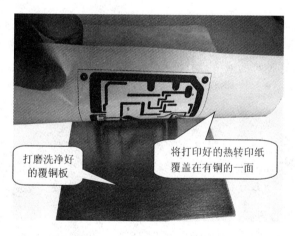

打磨洗净好的覆铜板

将打印好的热转印纸覆盖在有铜的一面

图4-36 覆热转印纸

(4)热转印

热转印是制板的最关键部分。加热电熨斗至合适温度(140 ℃~170 ℃左右),用力压到电路板有纸的一面(注意进行操作的桌面要平整且可耐高温,否则可能烫坏桌面并导致热转印失败),然后慢慢移动电熨斗,让覆铜板均匀升温,电熨斗来回熨几次,如图4-37所示。等电路板恢复至室温时将纸慢慢撕下来,撕下后若覆铜板上有断线的地方,可以用记号笔补上。值得注意的是,热转印法所用的电熨斗是传统的靠电阻丝发热的老式电熨斗,不能采用蒸气电熨斗。当然,也可采用较专业的热转印机来制作,热转印好的电路板如图4-38所示。

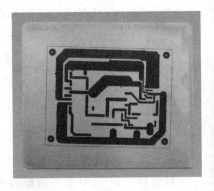

图 4-37　用电熨斗进行热转印　　　　**图 4-38　热转印好的电路板**

（5）用三氯化铁（FeCl₃）溶液进行腐蚀

将三氯化铁晶体和水按体积比 3∶5 的比例配成溶液,倒入事先准备好的容器中（可找一个塑料盆代替）,然后将电路板放到盆中进行腐蚀。注意,放置时电路板的覆铜面应朝上,以防打印油墨层与盆底相互摩擦导致脱离。在腐蚀过程中需要不停地摇动,最好戴上手套。

注意:三氯化铁具有腐蚀性,如果不小心沾在皮肤上尽快用清水冲洗。等裸露的覆铜被三氯化铁腐蚀完后,将电路板取出来用清水清洗干净。注意,要时刻观察腐蚀的进度,特别是容易脱落的地方,腐蚀完成后尽快取出来并冲洗干净。正在腐蚀的电路板如图 4-39 所示。

图 4-39　腐蚀中的电路板

（6）钻　孔

钻孔时一般用直径 0.8 mm 的钻头,也可以以实际的元件引脚大小来选择钻头的直径。

（7）打　磨

用细砂纸打磨，把电路板上的油墨除去，打磨后残留的油墨可用酒精清洗去除，再用清水清洗干净并用纸巾擦干待用。

注意：打磨时不宜过度，防止将铜箔打磨过薄。打磨好的电路板铜箔看上去应光洁发亮，没有污垢。

（8）涂松香酒精液

打磨好的电路板还要在有铜箔的一面刷上一层松香酒精液，这样可以防止铜箔迅速氧化并有助于提高焊接质量。选择一块干净明亮的松香，研磨成粉末，将其与酒精按照1∶3的体积比进行配置，放置一段时间，待其清澈透明后，用排笔将其均匀地刷在印刷电路板上，待第一遍刷完快干时再刷第二遍，一般重复刷2～4遍，待酒精完全挥发后松香就均匀地涂在印刷电路板上，这样，一块手工制作的PCB板就完成了。

（9）制作过程中的要领

① 打印所需的热转印纸必须平整、光滑、无皱褶，否则热转印纸与板不能紧密结合，在热转印过程中极易造成脱落。另外，需要注意的是，在打印时要选择热转印纸光滑的一面打印，否则可能造成转印失败。

② 热转印前，应保证覆铜板上覆铜面的清洁，若有油污或杂质存在会影响到覆铜板的热转印效果，造成油墨的脱落。

③ 在热转印过程中，电熨斗的温度不宜过高（最好选用调温电熨斗），否则会造成覆铜板的铜箔鼓起。另外，加热时间要适中，在加热过程中注意观察转印纸的变化，当纸上的墨粉显现出渗透的迹象，则说明已转印好，可将电熨斗移开。

④ 考虑到热转印法的精度，PCB板的设计线宽最好在 25 mil 以上，线间距不小于 10 mil，大电流导线按照一般布线原则进行设置。为布通线路，局部可以到 20 mil。焊盘间距最好大于 15 mil，焊盘要在 70 mil 以上，推荐 80 mil。否则会由于打孔精度不高使焊盘损坏。孔的直径可以全部设成 10～15 mil，不必是实际大小，以利于钻孔时钻头对准。

注意事项：

① 在打磨加工裁剪好的印刷电路时，注意电路板上的粉末掉落手背上可能导致皮肤过敏。

② 用曝光法或热转印法制作印刷电路板时均要用到三氯化铁。三氯化铁是一种腐蚀性极强的化学药剂，使用时注意不可用手直接接触，以防止烧伤手。更不可让液体飞溅到眼、口鼻中。

③ 在使用台钻给电路板打孔时，不可用力向下压，以防钻头断裂飞溅到人眼造成安全事故；女生在使用台钻时，要戴安全帽，以防头发卷入。

④ 制作后废弃的三氯化铁溶液不可随意倾倒，以免造成环境污染。

【巩固训练】

1. 训练目的：掌握手工制作印刷电路板的工艺流程和方法。

2.训练内容：

根据现有的设备和材料，将设计好的功率放大器 PCB 板图用热转印法制作成印刷电路板。

3.任务检查：表 4-2 所列为手工制作印刷电路板的工艺流程的检查内容和记录。

表 4-2　检查内容和记录

检查项目	检查内容	检查记录
手工制作功率放大器印刷电路板	(1) 电路板边框是否规范	
	(2) 布线层是否光洁	
	(3) 电路板布线层走线是否清晰	
安全文明操作	(1) 注意用电安全，遵守操作规程	
	(2) 遵守劳动纪律，注意培养一丝不苟的敬业精神	
	(3) 保持工位清洁，不随意倾倒三氯化铁废液，整理好工具设备	

4.4　扩音机的装配

1. 装配工艺技术基础

(1) 装配技术要求

① 元器件的标志方向应按照图纸规定的要求，安装后能看清元件上的标志。若装配图上没有指明方向，则应使标志向外易于辨认，并按照从左到右、从下到上的顺序读出。

② 安装元件的极性不得装错，安装前应套上相应的套管。

③ 安装高度应符合规定要求，同一规格的元器件应尽量安装在同一高度上。

④ 安装顺序一般为先低后高，先轻后重，先易后难，先一般元器件后特殊元器件。

⑤ 元器件在印刷板上的分布应尽量均匀，疏密一致，排列整齐美观。不允许斜排、立体交叉和重叠排列。

⑥ 元器件的引线直径与印刷焊盘孔径应有 0.2~0.4mm 的合理间隙。

⑦ 一些特殊元器件的安装处理，MOS 集成电路的安装应在等电位工作台上进行，以免静电损坏器件。发热元件要与印刷板面保持一定的距离，不允许贴面安装，较大元器件的安装应采取固定(绑扎、粘、支架固定等)措施。

(2) 装配方法

① 功能法　功能法是将电子产品的一部分放在一个完整的结构部件内。

② 组件法　组件法是制造一些在外形尺寸和安装尺寸上都统一的部件，这时部件的功能完整性退居到次要地位。

③ 功能组件法　功能组件法是兼顾功能法和组件法的特点，制造出既有功能完

整性又有规范化的结构尺寸和组件。

（3）连接方法

电子产品组装的电气连接，主要采用印制导线连接、导线、电缆以及其他电导体等的连接。

① 印刷电路连接　是元器件间通过印制板的焊接盘把元件焊接在印刷电路板上，利用印刷电路导线进行连接。对于体积过大、质量过重以及有特殊要求的元器件则不能采用这种方式，因为印刷电路板的支撑力有限。

② 导线、电缆连接　对于印刷电路板外的元器件与元器件、元器件与印刷电路板、印刷电路板与印刷电路板之间的电气连接基本上是采用导线与电缆的连接方式。在印刷电路板上的飞线及有特殊要求的信号线用导线与电缆进行连接。

③ 其他连接方式　在多层电路板之间采用金属化孔进行连接。金属封装的大功率晶体管及其他类似器件通过焊片用螺钉压接。

2. 印刷电路板的装配工艺

由于印刷电路板具有布线密度高、结构紧凑和图形一致性好等优点，并且具有利于电子产品实现小型化、生产自动化和提高劳动生产率的诸多优点。因此，印刷电路板组装件在电子产品中得到了广泛应用，使之成为电子产品中最基本、最主要的组件，当然印刷电路板的装配就成为电子装配中最主要的组成部分。

（1）元器件引脚的成形

元器件引脚的成形就是根据焊点之间距离，预先把元器件引线弯曲成一定的形状，以便有利于提高装配质量和效率，同时可以防止在焊接时元件发生脱落、虚焊和增强元器件的抗震能力和减小热损耗等，而且可以达到整机整齐美观的效果。图4-40所示为几种元器件的成形实例。

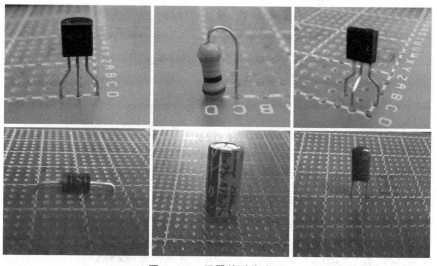

图4-40　元器件引脚成形

引线成形的基本要求有以下几点：

① 元器件引脚均不准从根部弯曲（极易引起引脚从根部折断），一般应留 2 mm 以上的距离。

② 弯曲半径不应小于引脚直径的两倍。

③ 对热敏感的元器件引脚增长。

④ 尽量将元器件有字符标识的面置于容易观察的位置。

图 4-41 所示为引脚成形的基本要求。图中 $A \geq 2$ mm；$R \geq 2d$；图（a）：h 为 0～2 mm，图（b）：$h \geq 2$ mm；$C = np$（p 为印制电路板坐标网格尺寸，n 为正整数）。

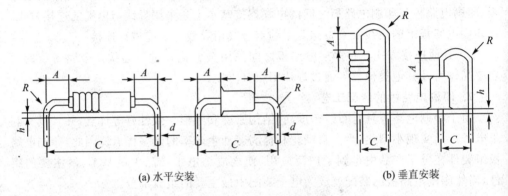

(a) 水平安装　　　　　　　　　　　　(b) 垂直安装

图 4-41　引脚成形基本要求

元器件引脚成形的方法有自动成形和手工成形两种。流水线上生产采用的是专业的成形设备，可一次成形，如图 4-42 所示。对于小批量手工制作的元器件的引脚成形，可采用扁口钳和镊子等工具将引脚加工成图中的形状就可以了。

图 4-42　专业成形设备成形的元件

（2）元器件的安装方法

① 贴板安装　它适用于安装防震要求高的产品。元器件紧贴印制板基板上，安装间隙小于 1 mm，安装形式如图 4-43 所示。

② 悬空安装　它适用于发热元件的安装。元器件距离电路板留有一定的高度，安装距离一般在 3～8 mm 范围内，以利于对流散热，大功率电阻、半导体器件等的安装多采用本方法，如图 4-44 所示。

③ 垂直安装　如图 4-45 所示，它适用于安装密度较高的场合。元器件垂直于电路板面，但对质量大引线细的元器件不宜采用。

图 4 - 43　贴板安装

图 4 - 44　悬空安装

图 4 - 45　垂直安装

④ 埋头安装　这种安装方式可以提高元器件的防震能力,降低安装高度。元器件的壳体埋在电路板的嵌入孔内,如图 4 - 46 所示。

⑤ 有高度限制的安装　对于有高度限制的元件,通常是先将元件引脚弯曲好后,再将元件焊接上去,安装形式如图 4 - 47 所示。

⑥ 支架安装　对大型器件要做特殊处理,以达到足够的安装强度,经得起震动和冲击,如图 4 - 48 所示。这种方法适用于安装重量较大的元件,如继电器、变压器和扼流圈等大型器件,一般采用金属或塑料支架在电路板上将元件固定。

图 4 - 46　埋头安装

(3)手工装配工艺

当产品在小批量生产或试制样品时,印刷电路板的装配主要依靠手工装配,其操作步骤如下:

① 检查元器件。

② 将已检查好的元器件的引线进行整形。

图 4 - 47　有高度限制的安装

图 4 - 48　支架安装

③ 将整形好的元器件插入到印制板中。

④ 调整元器件的位置和高度。

⑤ 焊接固定。

⑥ 剪切元器件引脚。

⑦ 连接导线。

⑧ 检查。

（4）自动装配工艺

随着现代科技的发展，大规模、大批量、高效率生产越来越成为厂家追求的目标，因而自动化生产已经成为现代不可替代的生产方式。自动装配和手工装配的过程基本上是一样的。只是从元件的装插、引脚成形、剪切引脚到最后的焊接都是由计算机控制的自动化设备流水作业完成的。

3. 其他部件的装配工艺

（1）连接工艺

电子产品几乎都要采用一定的连接方式将各个部件组成一个整体，构成电气或机械上的连接,其连接方式有导线连接、螺接、铆接、连接器连接、卡接和粘接等。其总的装配要求是:牢固可靠、不损坏元器件和零部件、节约材料;避免损坏元器件或零部件涂覆层,不破坏元件绝缘性能;连接线布设合理、整齐美观、绑扎紧固。

（2）面板和机壳的安装

面板和机壳是电子产品整机的重要组成部件,其装配工艺要求如下:

① 机壳、后盖打开后,当外露元件可触及时,应无触电危险。

② 机壳、后盖上的安全标志应清晰。

③ 面板、机壳外观要整洁。

④ 面板上各种可动件,应固定牢靠、操作灵活。

⑤ 装配面板、机壳时,一般是先里后外,先小后大。搬运面板、机壳要轻拿轻放,不能碰压。

⑥ 面板、机壳上使用旋具紧固自攻螺钉时,扭力矩大小要合适,力度太大容易产生滑牙甚至出现穿透现象,将损坏面板。

⑦ 在面板上贴铭牌、装饰、控制指示片等,应按要求贴在指定位置,并要端正牢固。

⑧ 面板与外壳合拢装配时,用自攻螺钉紧固应无偏斜、松动、并准确装配到位。

（3）散热器的装配

在电子产品的电路中,其中的大功率元器件在工作过程中会发出热量而产生较高的温度,需要采取散热措施,保证元器件和电路能在允许的温度范围内正常工作。电子元器件的散热一般使用铝合金或铜材料制成的散热器,多采用叉指形结构。散热器的装配工艺要求如下:

① 元器件与散热器之间的接触面要平整,以增大接触面,减小散热热阻。而且元器件与散热器之间的紧固件要拧紧,使元器件外壳紧贴散热器,保证有良好的接触。

② 散热器在印制电路板上的安装位置由电路设计决定,一般应放在印制电路板的边沿易散热的地方。

③ 元器件装配散热器要先使用旋具使晶体管（或集成块）紧固于散热器上,再进行焊接。

4. 整机装配工艺

整机装配主要包括机械装配和电气装配两大部分。具体来说,装配的内容包括将各零件、部件、整件（如各机电元件、印制电路板、底坐、面板以及装在其上面的元件）,按照设计要求,安装在不同的位置上,组成一个整体,再用导线将元器件与部件之间进行电气连接,完成一个具有一定功能的完整的机器。

（1）整机装配的原则和要求

① 装配时,按照先轻后重,先小后大,先铆后装,先装后焊,先里后外,先下后上,先平后高,易损部件后装,上道工序不得影响下道工序的安装原则。

② 安装要达到线路的连接坚固可靠,机械结构便于调整与维修,操作调谐结构精确、灵活,线束的固定和安装有利于组织生产,并使整机装配美观的基本要求。

（2）整机总装的工艺流程

电子产品整机总装就是依据设计文件,按照工艺文件的工序安排和具体工艺要求,把各种元器件和零部件安装、紧固在电路板、机壳、面板等指定的位置上,装配成完整的电子整机,再经调试检验合格后成为产品包装出厂。整机装配的工艺流程为：

准备→机架→面板→组件→机芯→导线连接→传动机构→总装检验→包装。

5. 扩音机的装配工艺

整机装配是电子产品生产中的重要工艺过程。其整机装配工艺有用于批量生产的流水线作业装配工艺和用于试制研发、小批量生产的手工装配工艺两种方式,在此叙述扩音机整机手工装配的工艺流程。

扩音机的装配原则和方法与其他电子产品的整机装配是一样的,只是一些关键元件需要特别注意。其装配步骤可按以下进行：

① 根据元件清单清点好元件。

② 处理好元件引脚部位。

③ 将电阻器、电容器、二极管、集成电路插入印制板相应位置,电解电容器的极性和二极管、集成电路的引脚不要插错。

④ 在安装带散热片的集成块时,应先将集成块用螺丝固定好,再将引脚装入电路板上的安装孔中进行焊接,否则,可能将导致散热片无法安装到位。

⑤ 焊接元器件时,注意保留元器件引线的适当长度,焊点要光滑,防止虚焊和搭锡。值得注意的是,由于手工制作的电路板没有刷阻焊层(也可手工刷阻焊层,但较难掌握),在焊接时,焊锡会向四周不均匀扩散,会使焊点不美观,但并不会影响电路板的性能。焊接完成后的产品如图 4 – 49 所示。

图 4 – 49　制作好的扩音机电路板成品

⑥ 通电前的检查：

1) 对照电路图和印制板,仔细核对元器件的位置是否正确,极性是否正确,有无漏焊、错焊和搭锡。

2) 特别检查 TDA1521 和 NE5532 是否焊好,安装是否正确,各引脚之间是否有短路,TDA1521 引脚短路会导致其损坏。

3) 用万用表电阻挡测正负电源与接地端之间的电阻,正常值应大于 1 kΩ。若阻值很小,说明有短路现象,应先排除故障,再通电调整。

注意事项：

① 在拿到装配套件后,不要急于安装,应先根据元件清单清点好元件,归类放置。

② 深刻理解电路图纸,根据对电路的理解确定安装元件顺序。

③ 元器件的型号规格的选择应根据电路图和安装工艺要求进行,且勿搞错型号类别。对于有极性区分的元器件应先判断正确后再安装。

④ 元器件在焊接前应先按设计要求将引脚成形,对于引脚氧化的要进行搪锡预处理。

⑤ 焊点的外观应光洁、平滑、均匀、无气泡和无针眼等缺陷,不应有虚焊、漏焊和短路等。

【巩固训练】

1. 训练目的：

① 能正确识别与检测扩音机元器件,并能根据电原理图进行扩音机的装配,提高整机电路图及电路板图的识读能力。

② 掌握电子产品生产工艺流程,进一步强化提高手工焊接技术水平。

2. 训练内容：印制电路板的焊接工艺及扩音机的整机组装工艺。

3. 任务检查：功率放大器制作的检查内容如表4-3所列。

表4-3　检查内容和记录

检查项目	检查内容	检查记录
功率放大器 的装配	(1)是否能正确识别检测功率放大器的电子元器件	
	(2)是否能正确对元器件进行整形和导线搪锡处理	
	(3)是否能按正确的安装顺序对功率放大器进行装配	
	(4)元器件的焊接质量是否达到标准	
安全文明操作	(1)注意用电安全,遵守操作规程	
	(2)遵守劳动纪律,注意培养一丝不苟的敬业精神	
	(3)保持工位清洁,整理好工具设备	

4.5　扩音机的调试

　　扩音机制作完成后要与音箱配接,将音乐还原出来。但刚制作好的扩音机由于元器件均是新件,性能并不稳定,需要进行"煲机"("煲机"是一种快速使器材老化稳定的措施。有些元器件例如晶体管、集成电路、电容全新的时候电器参数不稳定,经过一段时间的使用后才能逐渐稳定)。在"煲机"的同时,可以通过仪器设备测试扩音机的性能指标并进行适当的电路调整,以达到最佳的音响效果。

　　扩音机的性能指标很多,有输出功率、频率响应、失真度、信噪比、输出阻抗、阻尼系数等,其中以最大不失真输出功率、频率响应、灵敏度三项指标为主,下面分别对这三项指标进行测试。

1. 最大不失真输出功率的测试

　　扩音机的输出功率是指功放输送给负载的功率,以瓦(W)为基本单位。功放在放大量和负载一定的情况下,输出功率的大小由输入信号的大小决定。由于高保真度的追求和对音质的评价不一样,采用的测量方法不同,形成了许多名目的功率称呼。目前,有最大不失真输出功率、音乐输出功率、峰值音乐输出功率等。目前主要测试的是最大不失真输出功率。最大不失真输出功率指的是放大器输入一定频率正弦波,调节输入信号幅度,输出失真度不大于某值时的最大输出功率。由于人耳对10%以下的失真感觉不明显,故音响界把10%失真度对应的输出功率称为不失真功率。最大不失真功率的测量方法是这样的:输入信号电平 0 dB(775 mV),输出接标准负载,调节音量使功放输出信号的失真度刚好为 10%,此时对应的输出功率即为最大不失真功率。

　　具体的测试步骤如下:

　　① 用 8 Ω/10 W 电阻代替扬声器。

　　② 将调试所需仪器仪表与电路板连接好。

　　③ 调节低频信号发生器的输出电压缓慢增大,直至放大器输出信号在示波器上的波形刚要产生切峰失真而又未产生失真时为止。用毫伏表测出输入电压和输出电压的大小,并记录下来。测试线路和仪器连接如图 4 - 50 所示。

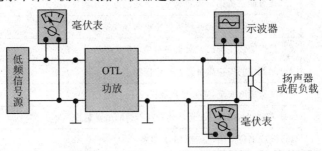

图 4 - 50　测试线路和仪器连接图

2. 频率响应的测试

频率响应是指扩音机对声频信号各频率分量的均匀放大能力。频率响应一般可分为幅度频率响应和相位频率响应。幅度频率响应表征了功放的工作频率范围，以及在工作频率范围内的幅度是否均匀和不均匀的程度。所谓工作频率范围是指幅度频率响应的输出信号电平相对于 1 000 Hz 信号电平下降 3 dB 处的上限频率与下限频率之间的频率范围。在工作频率范围内，衡量频率响应曲线是否平坦，或者称不均匀度，一般用 dB 表示。例如某一功放的工作频率范围及其不均匀度表示为：20 Hz ～20 kHz，±1 dB。相位频率响应是指功放输出信号与原有信号中各频率之间相互的相位关系，也就是说有没有产生相位畸变。通常，相位畸变对功放来说并不重要，这是因为人耳对相位失真反应不很灵敏的缘故。所以，一般功放所说的频率响应就是指幅度频率响应。由于人耳能够听到的声音频率范围在 20 Hz～20 kHz 之间，所以目前扩音机的工作频率也在这个范围取值。

具体的测试步骤如下：

① 测出输入信号在 $f = 1$ kHz，$v_i = 150$ mV 时的低频放大器输出电压并记录下来。

② 保持输入电压不变($v_i = 150$ mV)，改变输入信号频率，分别测出它们的输出电压值并记录。

③ 计算出 A_v，并在坐标纸上画出频率响应曲线。

3. 灵敏度的测试

用低频信号发生器输出 1 kHz 信号，调节其输出电压，让放大器的输出电压最大为 2 V，用毫伏表测输入信号的大小即为输入灵敏度。此数值越大，说明扩音机的灵敏度越低，反之则越高。测试完毕后，拆下假负载电阻，换上扬声器，试听音乐音质。

4. 扩音机使用的注意事项

经过调试"煲机"后的扩音机装上外壳就可以正常使用了。正确的使用方式可以延长功放的使用寿命，减少设备的故障发生率，使其工作在最佳状态。

① 扩音机的输出功率要和音箱的功率匹配。不要用过大功率的功放去推动小功率的音箱或用过小功率的扩音机去推动大功率的音箱。在一定阻抗条件下，扩音机功率应大于音箱功率，但不能太大。在一般应用场所扩音机的不失真功率应是音箱额定功率的 1.2～1.5 倍左右；而在大动态场合则应该是 1.5～2 倍左右。参照这个标准进行配置，既能保证扩音机工作在最佳状态下工作，又能保证音箱的安全。

② 扩音机的输出阻抗要和音箱的功率阻抗匹配。市场上音箱的标称阻抗常用的有 4 Ω、8 Ω、16 Ω 等几种，也有阻抗为 5 Ω、6 Ω 的，但较少采用。

③ 开机前检查，主音量控制旋钮是否处于关的位置，高低音控制旋钮是否调到较小位置，这样可以避免因开机产生的脉冲信号，使扩音机过载，烧毁扩音机或音箱扬声器。

④ 开机时，先开启其他音响设备，然后打开扩音机。关机时，先关闭扩音机，后

关闭其他音响设备,这样可以避免因开、关其他音响设备产生脉冲信号,使扩音机过载。

⑤ 扩音机工作时,音量要由关调到大,直到适中。关闭时,音量由大调到关,然后关闭功放电源。

⑥ 为了避免功放 IC 输出直流损坏音箱,最好安装一个扬声器保护器。扬声器保护器可以买成品,也可自制。

注意事项:

① 在通电调试前,应再次检查电路板上各焊点是否有短路、开路,各连接线是否有错接、漏接等。

② 测试所用的变压器容量应保证与功放模块的输出功率相匹配。

③ 功放电路板如果没有制作外壳,调试时,电路板要置于有绝缘的工作台上,以免发生短路。

④ 通电测试前,应检查好线路是否连接正确。

⑤ 在调试过程中要随时观察功放模块散热片是否过热,以免损坏器件。

【巩固训练】

1. 训练目的:

① 掌握扩音机调试的基本步骤和一般方法。

② 掌握扩音机简单故障的分析和检修。

2. 训练内容:

① 调整扩音机的各部分电路,完成整机联调。

② 排除扩音机出现的各种故障。

3. 任务检查:表 4-4 为功率放大器的检查内容和记录。

表 4-4 检查内容和记录

检查项目	检查内容	检查记录
功率放大器的调试	(1)是否能正确使用信号发生器、示波器和毫伏表等仪器设备	
	(2)是否能正确连接电路板和仪器设备	
	(3)测试参数方法及实验数据是否正确记录	
安全文明操作	(1)注意用电安全,遵守操作规程	
	(2)遵守劳动纪律,注意培养一丝不苟的敬业精神	
	(3)保持工位清洁,整理实验仪器,养成人走关闭电源的习惯	

项目三　数字钟的设计与制作

本次设计与制作的数字钟以单片机为核心,结合数码管、DS1302、74HC595 等元器件,再配以相应的软件来达到制作的目的。其硬件部分难点在于元器件的选择、布局及焊接,软件部分难点是程序流程的设计与程序的编写。数字钟的设计与制作的基本步骤是:元件选择与电路设计→软件设计→程序编译→电路仿真→电路板制作→整机装配与调试,下面通过几个任务来学习数字钟的设计与制作的基本流程。

任务5　数字钟的设计

【任务导读】

本任务通过数字钟的硬件设计、软件设计来讲解设计的流程,包含单片机、时钟芯片、数码管等元器件的选择,单片机最小系统、电源电路、测温电路、红外遥控接收电路、实时时钟电路、显示驱动及显示电路、蜂鸣器驱动电路等电路的设计,主程序流程图、按键流程图、显示驱动流程图、时钟处理流程图、闹钟流程图的设计,以及相应的程序设计。通过本任务的学习旨在熟悉元器件的选择,学会模块化电路设计和模块化程序设计。

5.1　数字钟的硬件设计

5.1.1　数字钟的元器件选择

数字钟包含的基本功能有走时准确、显示正常、可以设定闹铃、时间能够调节、编程与供电方便等。首先是单片机的选择,目前常用的有 51 和 PIC 等系列单片机,考虑到此次的设计实际,此处采用宏晶公司的 51 系列单片机 STC11F04E;走时方面,可以利用单片机自身的计时功能,但考虑到单片机本身断电复位和时钟的准确性,可以采用时钟芯片,时钟芯片厂家和种类都有很多,此处我们采用最常用的 DS1302;显示方面,常用的有点阵屏显示、液晶屏显示和数码管显示,此处采用应用最广泛的数码管显示;驱动方面,采用常用的 74HC595 与三极管组合;闹铃功能通过三极管驱动蜂鸣器来实现;时间和闹铃的调节通过轻触开关来实现;编程与供电采用预留编程接口和电源接口的方式实现,在电路中增加电源指示即可。下面对本次设计与制作用到的主要元器件进行介绍。

1. STC11F04E 单片机

STC11F04E 单片机是宏晶公司生产的单时钟(机器)周期(1T)单片机,是高速、低功耗、超强抗干扰的新一代 8051 单片机,指令代码完全兼容传统 8051,但速度快

8~12倍,内部集成高可靠复位电路,可用于高速通信、智能控制、强抗干扰等场合,如图5-1所示为STC11F04E单片机引脚图,图5-2所示为STC11F04E单片机实物图。

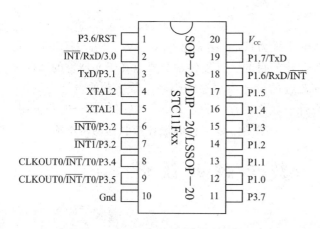

图5-1　STC11F04E单片机引脚图　　　　图5-2　STC11F04E单片机实物图

STC11系列单片机的定时器0、定时器1、串行口与传统8051兼容,增加了独立波特率发生器,省去了定时器2,使传统8051的111条指令执行速度全面提速,最快的指令快24倍,最慢的指令快3倍。该系列单片机主要有如下性能和特点:

① 增强型8051CPU,单时钟(机器)周期,指令代码完全兼容传统8051。

② 工作电压:STC11Fxx系列工作电压:5.5~4.1 V (3.7 V)(5 V单片机)。

③ 工作频率范围:0~35 MHz,相当于普通8051的0~420 MHz。

④ STC11Fxx系列单片机用户应用程序空间:(1/2/3/4/5/6/8/16/20/32/40/48/52/56/60/62)K字节。

⑤ STC11xx系列单片机:片上集成1 280字节或256字节RAM。

⑥ 通用I/O口(36/40/12/14/16个),复位后为:准双向口/弱上拉(普通8051传统I/O口),可设置成四种模式:准双向口(弱上拉)、强推挽(强上拉)、仅为输入(高阻)、开漏。每个I/O口驱动能力均可达到20 mA,但整个芯片最好不要超过100 mA。

⑦ ISP(在系统可编程)/ IAP(在应用可编程),无需专用编程器,无需专用仿真器,可通过串口(RxD/P3.0,TxD/P3.1)直接下载用户程序,数秒即可完成一片。

⑧ 具有EEPROM功能和看门狗功能。

⑨ 内部集成MAX810专用复位电路(晶体频率在24 MHz以下时,要选择高的复位门槛电压,如4.1 V以下复位,晶体频率在12 MHz以下时,可选择低的复位门槛电压,如3.7 V以下复位,复位脚接1 kΩ电阻到地)。

⑩ 内置一个内部V_{cc}掉电检测电路,可设置为中断或复位。5 V单片机掉电检测门槛电压为4.11 V(3.7 V)附近,3.3 V单片机掉电检测门槛电压为2.4V附近。

⑪ 时钟源:外部高精度晶体振荡器,内部 R/C 振荡器。用户在下载程序时,可选择使用内部 R/C 振荡器或外部晶体振荡器。常温下内部 R/C 振荡器频率为:4～8 MHz,但因为有制造误差和温漂,以实际为准,精度要求不高时,可选择使用内部时钟。

⑫ 2 个 16 位定时器 T0 和 T1,与传统 8051 兼容的定时器/计数器,STC11xx 全系列都有 1 个独立波特率发生器。

⑬ 3 个时钟输出口,可由 T0 的溢出在 P3.4/T0 输出时钟,可由 T1 的溢出在 P3.5/T1 输出时钟,独立波特率发生器可以在 P1.0 口输出时钟(部分型号无独立波特率发生器)。

⑭ Power Down 模式可由外部中断唤醒也可由内部掉电唤醒专用定时器唤醒。

⑮ 一个独立的通用全双工异步串行口(UART),做主机时可以当 2 个串口使用,[RxD/P3.0,TxD/P3.1]可以切换到[RxD/P1.6,TxD/P1.7],通过将串口在 P3 口和 P1 口之间来回切换,将 1 个串口作为 2 个主串口分时复用,可低成本实现 2 个串口,当然有其局限性。

⑯ 工作温度范围:－40～＋85 ℃(工业级)、0～75 ℃(商业级)。

⑰ 封装:SOP16/DIP16/DIP18/SOP20/DIP20/LSSOP20/PDIP－40/LQFP－44/PLCC－44。SOP16/DIP16 有 12 个 I/O 口,DIP18 有 14 个 I/O 口,SOP20/DIP20/LSSOP20 有 16 个 I/O 口,LQFP44 有 40 个 I/O 口,PDIP40/QFN40 (5 mm×5 mm)有 36 个 I/O 口。

2. DS1302 时钟芯片

现在流行的串行时钟电路很多,如 DS1302、DS1307、PCF8485 等。这些电路的接口简单、价格低廉、使用方便,被广泛地采用。本次的数字钟设计采用实时时钟电路 DS1302。

DS1302 是 DS1202 的升级产品,与 DS1202 兼容,但增加了主电源/后备电源双电源引脚,是美国 DALLAS 公司推出的一种高性能、低功耗、带 RAM 的实时时钟电路。其主要特点是采用串行数据传输,具有涓细电流充电能力电路,可为掉电保护电源提供可编程的充电功能,并且可以关闭充电功能,采用普通 32.768 kHz 晶振,它可以对年、月、日、周、时、分、秒进行计时,具有闰年补偿功能,工作电压为 2.5～5.5 V,采用三线接口与 CPU 进行同步通信,并可采用突发方式一次传送多个字节的时钟信号或 RAM 数据,DS1302 内部有一个 31 字节的用于临时性存放数据的 RAM 寄存器。

如图 5－3 所示为 DS1302 的引脚功能图,图 5－4 为 DS1302 贴片封装实物图。

图中 V_{CC1} 为后备电源,V_{CC2} 为主电源。在主电源关闭的情况下,也能保持时钟的连续运行,DS1302 由 V_{CC1} 或 V_{CC2} 两者中的较大者供电,当 V_{CC2} 大于 V_{CC1}＋0.2 V 时,V_{CC2} 给 DS1302 供电;当 V_{CC2} 小于 V_{CC1} 时,DS1302 由 V_{CC1} 供电。

X1 和 X2 是振荡源,外接 32.768 kHz 晶振。

RST 是复位/片选线,通过把 RST 输入驱动置高电平来启动所有的数据传送,RST 输入有两种功能:RST 接通控制逻辑,允许地址/命令序列送入移位寄存器;RST 提供终止单字节或多字节数据传送的方法。当 RST 为高电平时,所有的数据传送被初始化,允许对 DS1302 进行操作,如果在传送过程中 RST 置为低电平,则会终止此次数据传送,I/O 引脚变为高阻态,上电运行时,在 $V_{CC2}>2.0$ V 之前,RST 必须保持低电平,只有在 SCLK 为低电平时,才能将 RST 置为高电平。

　　I/O 为串行数据输入输出端(双向)。

　　SCLK 为时钟输入端。

　　GND 为芯片接地端。

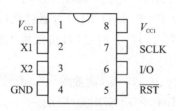

图 5 - 3　DS1302 引脚功能图　　　　图 5 - 4　DS1302 贴片封装实物图

DS1302 的主要性能和特点如下:

　　① 实时时钟具有能计算 2100 年之前的年、月、日、周、时、分、秒和闰年调整的能力。

　　② 具有 31 字节的暂存数据存储 RAM。

　　③ 串行 I/O 口方式使得引脚数量最少。

　　④ 宽范围工作电压 2.0~5.5 V。

　　⑤ 工作电流在电压 2.0 V 时小于 300 nA。

　　⑥ 读写时钟或 RAM 数据时有两种传送方式:单字节传送和多字节传送字符组方式。

　　⑦ 8 脚 DIP 封装或 8 脚 SOP 贴片封装。

　　⑧ 与 TTL 兼容 $V_{CC}=5$ V。

　　⑨ 可选工业级温度范围-40~+85 ℃。

　　⑩ V_{CC1} 有可选的涓流充电能力。

　　⑪ 主电源和备分电源双电源。

　　⑫ 备分电源引脚可由电池或大容量电容输入。

3. 数码管

　　数码管是显示屏其中的一类,通过对其不同的引脚输入电流,会使其发亮,从而显示出数字,能够显示时间、日期、温度等所有可用数字表示的参数。由于它的价格便宜使用简单,在电器特别是家电领域应用极为广泛,空调、热水器、冰箱等。

常见的数码管按段数可分为七段数码管和八段数码管,八段数码管比七段数码管多一个发光二极管单元(多一个小数点显示);按能显示多少个"8"可分为1位、2位、3位、4位等数码管;按发光二极管单元连接方式可分为共阳极数码管和共阴极数码管,共阳数码管是指将所有发光二极管的阳极接到一起形成公共阳极的数码管,共阳数码管在应用时应将公共阳极接到高电平,当某一字段发光二极管的阴极为低电平时,相应字段就点亮;当某一字段的阴极为高电平时,相应字段就不亮。共阴数码管是指将所有发光二极管的阴极接到一起形成公共阴极的数码管,共阴数码管在应用时应将公共阴极接低电平上,当某一字段发光二极管的阳极为高电平时,相应字段就点亮;当某一字段的阳极为低电平时,相应字段就不亮,如图5-5所示为常见的数码管实物图,图5-6(c)所示为共阴数码管内部连接方式图,图5-6(b)为共阳数码管内部连接方式图。

图5-5 常见的数码管实物图

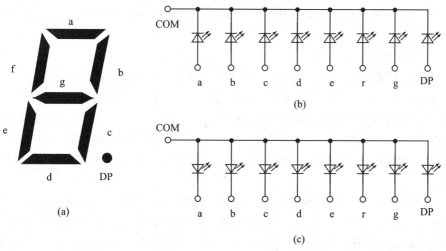

图5-6 共阴数码管和共阳数码管内部连接方式

数码管要正常显示,就要用驱动电路来驱动数码管的各个段码,从而显示出人们要的数字,根据数码管的驱动方式不同,可以分为静态式和动态式两类。

静态驱动也称直流驱动。静态驱动是指每个数码管的每一个段码都由一个单片机的 I/O 端口进行驱动,或者使用如 BCD 码二-十进制译码器译码进行驱动。静态驱动的优点是编程简单,显示亮度高,缺点是占用 I/O 端口多。

数码管动态显示接口是单片机中应用最为广泛的一种显示方式之一。动态驱动是将所有数码管的 8 个显示笔画"a、b、c、d、e、f、g、DP"的同名端连在一起,另外为每个数码管的公共极增加位选通控制电路,位选通由各自独立的 I/O 端口控制;当单片机输出字形码时,所有数码管都接收到相同的字形码,但究竟是哪个数码管会显示出字形,取决于单片机对位选通公共端电路的控制。所以只要将需要显示的数码管的选通控制打开,该位就显示出字形,没有选通的数码管就不会亮,通过分时轮流控制各个数码管的公共端,就使各个数码管轮流受控显示,这就是动态驱动。在轮流显示过程中,每位数码管的点亮时间比较短,由于人的视觉暂留现象及发光二极管的余辉效应,尽管实际上各位数码管并非同时点亮,但只要扫描的速度足够快,给人的印象就是一组稳定的显示数据,效果和静态显示是一样的,不会有闪烁感,动态显示能够节省大量的 I/O 端口,而且功耗更低。

数码管的基本参数和性能指标:

① 数码管的 8 字高度。8 字上沿与下沿的距离,比外形高度略小,通常用英寸来表示,范围一般为 0.25~20 英寸。

② 数码管长×宽×高。长、宽、高分别表示当数码管正放时,水平方向的长度、垂直方向上的长度、数码管的厚度。

③ 时钟点。四位数码管中,第二位 8 与第三位 8 字中间的两个点(本次数字钟的设计就采用了这种数码管),一般用于显示时钟中的秒。

④ 电流。静态时,推荐使用 10~15 mA;动态扫描时,平均电流一般为 4~5 mA,峰值电流 50~60 mA。

4. 74HC595 驱动芯片

74HC595 是一款漏极开路输出的 CMOS 器件,兼容低电压 TTL 电路,遵守 JE-DEC 标准,输出端口为可控的三态输出端,亦能串行输出控制下一级级联芯片。74HC595 具有 8 位移位寄存器和一个存储器,三态输出功能。移位寄存器和存储器具有各自时钟,数据在 SCK 的上升沿时输入到移位寄存器中,在 RCK 上升沿时输入到存储寄存器中,如果两个时钟连在一起,则移位寄存器总是比存储寄存器早一个脉冲。

移位寄存器有一个串行移位输入,一个串行输出,一个异步的低电平复位;存储寄存器有一个并行 8 位的具备三态的总线输出,当使能 OE 有效时(为低电平),存储寄存器的数据输出到总线。74HC595 具有如下特点:高速移位时钟频率 $f_{max}>25$ MHz、标准串行(SPI)接口、CMOS 串行输出、低功耗在 $t_A=25$ ℃时,$I_{cc,max}=4$ μA。74HC595 的引脚如图 5-7 所示,实物如图 5-8 所示。

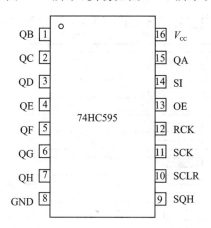

图 5-7 74HC595 引脚图　　　　图 5-8 74HC595 实物图

引脚说明:

① 1、2、3、4、5、6、7、15 脚为 QA~QH,三态输出引脚。

② 8 脚为 GND,电源接地引脚。

③ 9 脚为 SQH,串行数据输出引脚。

④ 10 脚为 SCLR,移位寄存器清零端。

⑤ 11 脚为 SCK,数据输入时钟线。

⑥ 12 脚为 RCK,输出存储器锁存时钟线。

⑦ 13 脚为 OE,输出使能。

⑧ 14 脚为 SI,数据线。

⑨ 16 脚为 V_{CC},电源端。

74HC595 真值表如表 5-1 所列。

表 5-1 74HC595 真值表

输入引脚					输出引脚
SI	SCK	SCLR	RCK	OE	
X	X	X	X	H	QA~QH 输出高阻
X	X	X	X	L	QA~QH 输出有效值
X	X	L	X	X	移位寄存器清零
L	↑	H	X	X	移位寄存器存储 L
H	↑	H	X	X	移位寄存器存储 H
X	↓	H	X	X	移位寄存器状态保持
X	X	X	↑	X	输出存储器锁存移位寄存器中的状态值
X	X	X	↓	X	输出存储器状态保持

符号说明:H——高电平状态,L——低电平状态,↑——上升沿,↓——下降沿,X——任意值。

74HC595 时序图如图 5-9 所示。

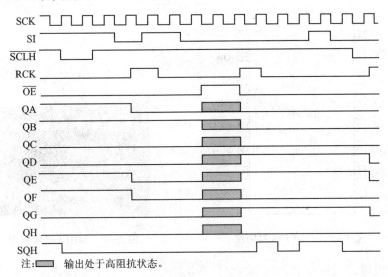

注：▨ 输出处于高阻抗状态。

图 5-9　74HC595 时序图

5. 其他元器件

除了以上介绍的几种元件外,本次数字钟的设计还用到了电阻、电容、二极管、三极管、蜂鸣器、晶振、轻触开关、自恢复保险丝、电源插座、编程器接口等元器件,这些元件应用相对比较简单,也是电子产品设计与制作中经常用到的元器件,此处不做单独介绍。图 5-10 所示为本次数字钟设计用到的主要元器件。

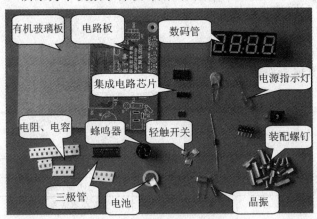

图 5-10　数字钟元器件

5.1.2　数字钟的电路设计

在本设计中,电路由单片机最小系统、DS1302 时钟电路、显示驱动及显示电路、键盘电路等部分组成,其电路如图 5-11 所示。

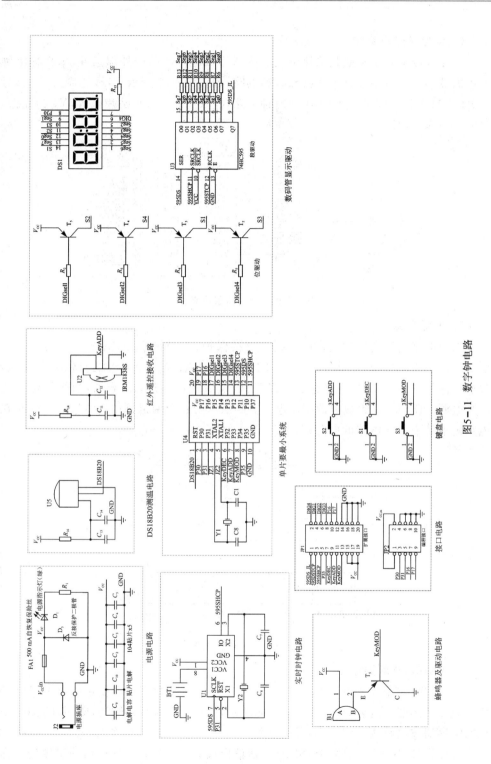

图5-11 数字钟电路

1. 单片机最小系统

单片机最小系统指的是单片机及支持单片机运行的最简外部条件,本次数字钟单片机最小系统主要包含单片机和时钟电路,如图 5 - 12 所示。U4 为单片机,型号是 STC11F04E。C_1、C_8 和 Y1 组成时钟电路,C_1、C_8 是 22 pF 贴片电容,Y1 为晶振,频率 11.0592 MHz。

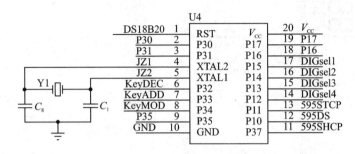

图 5 - 12　单片机最小系统

2. 电源电路

电源电路包括电源插座、过流保护、反接保护、电源指示、退耦电路,如图 5 - 13 所示。J2 为 5.5×2.1 直流插座便于平时使用。FA1 为 500 mA 的自恢复保险丝,起过流保护作用。D_3 为反接保护二极管,当电源极性接反,D_3 导通,自恢复保险丝断开电源。D_1 和 R_1 组成电源指示电路。C_9、C_{10} 为总电源退耦电容,$C_2 \sim C_5$ 分布在电路板上每个集成电路的电源端。

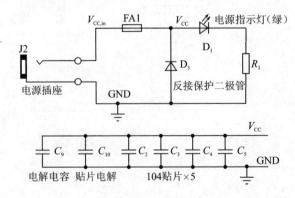

图 5 - 13　电源电路

3. DS18B20 测温电路

DS18B20 测温电路用来测试环境温度,采用单总线数字式温度传感器 DS18B20 作为温度传感器,电路简单。如图 5 - 14 所示,图中 U5 为 DS18B20,R_{16} 和 C_{13}、C_{14} 组成的阻容滤波电路为 DS18B20 提供电源。

程序设计过程中,按照 DS18B20 的通信协议,向 DS18B20 发送启动温度转换命令,之后读取转换结果,即可得到当前的环境温度值。

4. 红外遥控接收电路

红外遥控接收电路用来接收红外遥控信号,电路如图 5-15 所示。图中 U2 为一体化红外遥控接收头,负责将接收的红外遥控信号转换为对应的高低电平信号送给单片机进行解码;R_{14} 和 C_{11}、C_{12} 组成的阻容滤波电路为 U2 提供电源。

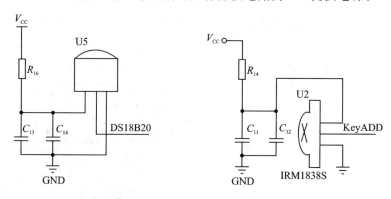

图 5-14　DS18B20 测温电路　　　　图 5-15　红外遥控接收电路

5. DS1302 实时时钟电路

该电路的主要功能是实现数字钟掉电保护功能,也就是说,在外部断电后内部时间依旧在运行,再次上电时无须调整时间。该电路用到了时钟芯片 DS1302,其电路如图 5-16 所示。图中 U1 为 DS1302 实时时钟芯片,Y2 和 C_6、C_7 为晶体振荡电路,BT1 为后备电池。DS1302 通过对晶振信号进行计数得到时间信息,其内部包含年、月、日、星期、时、分、秒计数,可以通过三线 SPI 接口读出。外部断电之后,DS1302 通过后备电池 BT1 继续工作,保持时钟走时状态,但此时不提供读出功能。

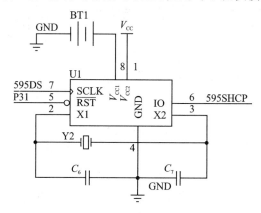

图 5-16　DS1302 实时时钟电路

6. 显示驱动及显示电路

电子钟采用四位共阳数码管显示时间,采用 74HC595 作为数码管的段选驱动,

PNP 三极管作为数码管的位选驱动,其电路如图 5-17 所示。图中 $T_1 \sim T_4$ 为位选驱动的四个 PNP 三极管,$R_2 \sim R_5$ 为基极限流电阻,电阻的另一端连接单片机,当单片机引脚输出低电平时,对应的数码管位点亮。U3 为数码管段驱动芯片 74HC595,$Q0 \sim Q7$ 共 8 只引脚通过限流电阻 $R_6 \sim R_{13}$ 连接到数码管的段选端,当 74HC595 的输出为低电平时,数码管的对应段点亮。

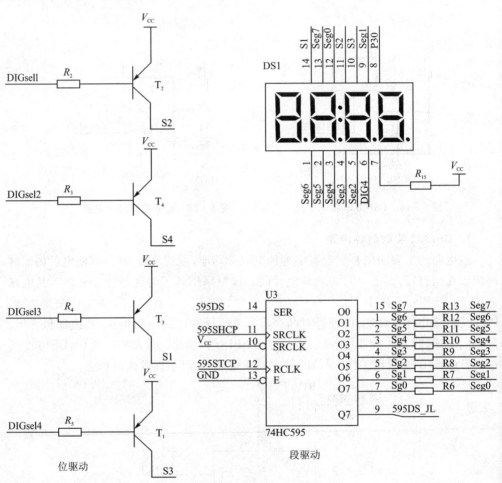

图 5-17 显示驱动及显示电路

7. 蜂鸣器驱动电路

蜂鸣器电路作为闹钟提示及操作时必要的提示音,电路如图 5-18 所示。图中 B1 为有源蜂鸣器,接通电源会发出单音蜂鸣声。T_5 为 PNP 三极管,基极由单片机控制,当单片机引脚输出低电平时,蜂鸣器发声。

8. 键盘电路

电子钟的键盘电路采用轻触按钮直接连接单片机 I/O 引脚的方式,通过单片机引脚检测按钮的状态,电路如图 5-19 所示。图中 S_1、S_2、S_3 为三只操作按钮,按钮一端连接 GND,另外一端连接单片机引脚。当按钮处于松开状态时,按钮断开,单片机引脚为高电平状态;当按钮按下,按钮接通,单片机引脚为低电平状态。程序通过判断单片机引脚的电平高低状态,可以确定哪个按钮被按下。

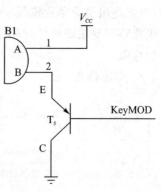

9. 接口电路

接口电路包括编程接口和扩展接口,如图 5-20 所示。

图 5-18　蜂鸣器及驱动电路

编程接口主要包括 GND、P30、P31 三个连接,为在线编程接口。此外为了使用方便,还提供 $V_{cc,in}$ 和 P16、P17 接口,以方便使用。

扩展接口提供 74HC595 扩展,以及数码管的四个位选输出信号和按钮信号,以便于扩展使用,数字钟不使用该接口。利用该接口,可以外接大型数码显示器件显示时间或其他信息。

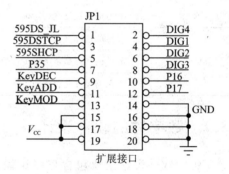

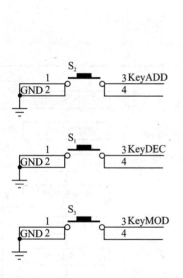

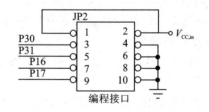

图 5-19　键盘电路　　　**图 5-20　扩展和编程接口电路**

【巩固训练】

1. 训练目的:掌握单片机电路的硬件选择与简单电路的设计方法。

2. 训练内容:

① 以单片机为核心元件,设计一个篮球计时计分器电路。

② 根据上述电路分析选择元件。

利用常见的元器件设计一个篮球计时计分器电路,说明设计思路和电路工作原理,电路应当包含单片机最小系统、键盘部分、显示部分、声光提示部分、编程接口等,要求能够实现正确的计时和计分功能,并且具备暂停、场地交换等真实篮球比赛所需要的功能。

3. 训练检查:表 5-2 所列为检查内容和检查记录。

表 5-2　检查内容和检查记录

检查项目	检查内容	检查记录
元器件选择	(1) 单片机型号的选择是否合理	
	(2) 显示器件的选择是否合理	
	(3) 按键、蜂鸣器等其他元器件选择是否合理	
电路设计	(1) 电源电路设计是否合理	
	(2) 显示电路设计是否合理	
	(3) 键盘电路设计是否合理	
	(4) 单片机最小系统电路设计是否正确	
	(5) 其他电路设计是否正确	
其他事项	(1) 元件的选择是否考虑了通用性	
	(2) 元件的选择是否考虑了性价比	
	(3) 电路的设计是否考虑了抗干扰措施	

5.2　数字钟的软件设计

数字钟的软件设计主要包含程序流程图的绘制和程序的编写,此处介绍一下数字钟的主程序、按键程序、显示驱动等部分的流程图设计和程序编写。

1. 主程序流程图

主程序流程如图 5-21 所示。各部分完成的功能介绍如下:

定时器初始化:将定时器初始化为工作方式 1,不产生中断,定时 5 ms。

时钟日期初始化:从 DS1302 读取系统日期和时钟,以保证时间的连续性。

系统初始化:为系统相关的变量赋初始值。

按钮检测:检测是否有按钮按下,按下的是哪个按钮,并进行延时、消抖处理,得出按下的按钮代码。

按钮处理:根据检测到的按钮代码,进行相关的操作,包括时间调节和闹钟调节。

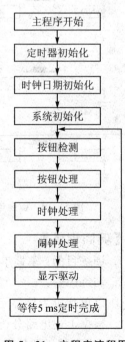

图 5-21　主程序流程图

时钟处理:进行计时处理,得到时、分、秒时间值。

闹钟处理:检测是否达到既定的闹钟时间并启动蜂鸣器提示闹钟时间。

显示驱动:每运行一次,送出一个数码管的显示代码并点亮相应的数码管,完成动态扫描显示。

等待 5 ms 定时完成:经过以上的处理,主循环程序完成一轮。为了保证计时的准确性,必须保证每 5 ms 运行一轮主循环。此处等待定时器溢出标志,溢出后重新装入定时器初始值,转入主循环的下一轮循环运行。主程序中各部分功能模块要求为无阻塞运作方式,每 5 ms 完成一个主循环。

2. 按键流程图及程序

① 按键流程图　按键程序包括按钮检测和按钮处理两部分,如图 5-22 和图 5-23 所示。

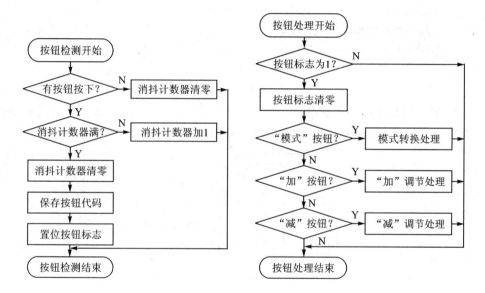

图 5-22　按钮检测流程图　　图 5-23　按钮处理流程图

② 按钮检测和按钮处理程序　按钮检测和按钮检测程序如下。

```
/ ***********************************************\
    按钮检测
/ ***********************************************\
if(KeyMOD & KeyDEC & KeyADD )//没按
    KeyCNT = 0;
else
{
    if(KeyCNT！= 50)KeyCNT ++ ;
    else
```

```
    {
        KeyCNT = 0;
        FlgKeyADD = KeyADD;
        FlgKeyDEC = KeyDEC;
        FlgKeyMOD = KeyMOD;
        FlgKeyPress = 1;
    }
}
/ *****************************************\
    按钮处理
/ *****************************************\
if(FlgKeyPress)
{
    FlgKeyPress = 0;
    if(FlgKeyMOD)ModeChange();
    if(FlgKeyADD)AdjustAdd();
    if(FlgKeyDEC)AdjustDec();
}
```

3. 显示驱动流程图及程序

① 显示驱动流程图　显示驱动流程图如图 5 - 24 所示。

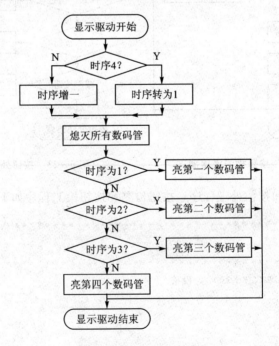

图 5 - 24　显示驱动流程图

② 显示驱动程序　根据上述流程图,写出显示驱动程序,程序如下。

```
/ **********************************************\
    显示驱动
/ ***************************************/ ******\
if(dpy_shixu == 4)dpy_shixu = 1;
else dpy_shixu ++ ;
ALL_LED_OFF();
switch(dpy_shixu)
{
    case 1:SenOneByteTo74HC595(LedBuffer[0]);LED_Select1 = 0;break;
    case 2:SenOneByteTo74HC595(LedBuffer[1]);LED_Select2 = 0;break;
    case 3:SenOneByteTo74HC595(LedBuffer[2]);LED_Select3 = 0;break;
    case 4:SenOneByteTo74HC595(LedBuffer[3]);LED_Select4 = 0;break;
    default:break;
}
```

4. 时钟处理流程图及程序

① 时钟处理流程图　时钟处理流程图如图 5 - 25 所示。

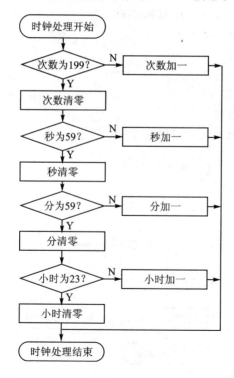

图 5 - 25　时钟处理流程图

② 时钟处理程序　根据时钟处理流程图,写出时钟处理程序,程序如下。

```
/ ****************************************\
    时钟处理
/ ****************************************\
if(TimeSecCNT! = 199)
{
    TimeSecCNT ++ ;
}
else
{
    TimeSecCNT = 0;
    if(TimeSec! = 59)TimeSec ++ ;
    else
    {
        TimeSec = 0;
        if(TimeMin! = 59)TimeMin ++ ;
        else
        {
            TimeMin = 0;
            if(TimeHour! = 23)TimeHour ++ ;
            else TimeHour = 0;
        }
    }
}
```

5. 闹钟流程图及程序

① 闹钟流程图　闹钟流程图如图 5 - 26 所示。

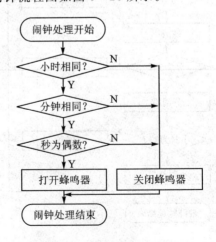

图 5 - 26　闹钟处理流程图

② 闹钟处理程序　根据闹钟处理流程图,写出闹钟处理程序,程序如下。

```
/**************************************************\
    闹钟处理
/**************************************************\
if( (AlarmHour == TimeHour) && (AlarmMin == TimeMin) && (TimeSec % 2 == 0) )
{
    BEEP_ON();
}
else
{
    BEEP_OFF();
}
```

【巩固训练】

1. 训练目的：掌握单片机电路的流程图和程序设计方法。

2. 训练内容：

① 绘制篮球计时计分器电路的主流程图和子流程图。

② 设计篮球计时计分器的主程序和子程序。

根据上一任务设计的篮球计时计分器电路的功能要求，绘制篮球计时计分器的流程图并进行程序设计，设计采用模块化的方式进行，应当包含主程序、键盘电路、显示驱动流程图和其他子程序流程图的绘制和程序设计，流程图应能够反映出篮球计时计分器的工作流程，程序的设计能够反映流程图的设计和电路功能要求。

3. 训练检查：表 5-2 所列为检查内容和检查记录。

表 5-2　检查内容和检查记录

检查项目	检查内容	检查记录
流程图的绘制	（1）系统主程序流程图绘制是否正确	
	（2）键盘电路流程图绘制是否正确	
	（3）显示驱动流程图绘制是否正确	
	（4）其他部分流程图绘制是否正确	
程序设计	（1）系统主程序设计是否正确	
	（2）键盘扫描程序是否正确	
	（3）显示驱动程序设计是否正确	
	（4）系统初始化及其他部分程序设计是否正确	
其他事项	（1）流程图的绘制是否符合规范	
	（2）程序的设计方案是否最佳	
	（3）程序的设计是否有必要的注释	

任务6 数字钟的程序调试

【任务导读】

在编写完程序之后,必须对程序进行调试和编译,然后才能将编译好的程序烧录至单片机中,编译软件有很多,此处将介绍常用的 Keil C51 μVision2 软件,通过本任务的学习,掌握 Keil C51 μVision2 软件程序调试的基本方法和步骤。

Keil C51 μVision2 是德国 Keil Software 公司出品的 51 系列兼容单片机 C 语言软件开发系统,针对 51 系列单片机开发的基于 32 位 Windows 环境的单片机集成开发平台,如图 6-1 所示。

图 6-1 Keil C51 μVision2 软件的界面

它包括一个编辑软件,可以在线编辑用 C 语言或 51 系列单片机汇编语言写成的源程序,Keil C51 标准 C 编译器为 8051 微控制器的软件开发提供了 C 语言环境,同时保留了汇编代码高效、快速的特点。

C51 编译器的功能不断增强,使你可以更加贴近 CPU 本身及其他的衍生产品,包括单片机软件仿真器 Dscope51,可以采用软件模拟仿真和实时在线仿真两种方式对目标系统进行开发。

C51 已被完全集成到 μVision2 的集成开发环境中,包含高效的编译器、项目管理器和 MAKE 工具。集成了 C51 交叉编译器、A51 宏汇编器、BL51 连接定位器等工具软件和 Windows 集成编译环境。

6.1 熟悉 Keil C51 软件界面

为方便掌握该软件,此处首先列写出常用菜单涉及的英文和图标的中文含义,然后通过一个实际案例来讲解该软件的基本使用方法,Keil C51 窗口界面如图 6-2 所示,包含了标题栏、菜单栏、工具栏、项目窗口、程序窗口、输出窗口等部分。

6.1.1 标题栏

标题栏位于窗口界面的最上面。左端显示出正在运行的应用程序的名称,右端

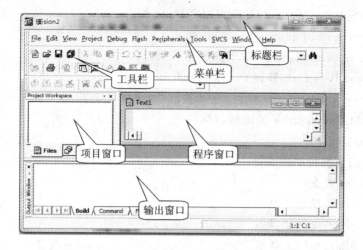

图 6 - 2 Keil C51 窗口界面

三个控制按钮：分别为"最小化"、"最大化/还原"和"关闭"按钮。

6.1.2 菜单栏

菜单栏位于窗口界面标题栏的下方，其常用菜单项有 File（文件）、Edit （编辑）、View（查看）、Project（项目）、Debug（调试）、Peripherals（外围器件）、Tools（工具）等，下面列出这些常用菜单项的中英文对照。

（1）File（文件）

New：新建文件。

Open：打开文件。

Close：关闭文件。

Save：存储文件。

Save As：另存文件。

Save All：存储全部文件。

Device Database：器件库。

Print Setup：打印设置。

Print：打印。

Print preview：打印预览。

（2）Edit （编辑）

Undo：取消上次操作。

Redo：重复上次操作。

Cut：剪切所选文本。

Copy：复制所选文本。

Paste：粘贴。

Indent Selected Text：右移一键距离。

Unindent Selected Text：左移一键距离。

Toggle Bookmark：设置/取消标签。

Goto Next Bookmark：移到下一标签。

Goto Previous Bookmark：移到上一标签。

Clear All Bookmarks：清除所有标签。

Find：查找文本。

Replace：替换特定的字符。

（3）View（查看）

Status　　Bar：状态工具条。

File　　　Bar：文件工具条。

Build　　Bar：编译工具条。

Debug　　Bar：调试工具条。

Project　Widows：项目窗口。

Output　　Windows：输出窗口。

Source　　Browser：源文件浏览器。

还包括调试时可以选择的显示窗口：

Disassembly Windows：反汇编文件窗口。

Memory Windows：存储器窗口。

（4）Project（项目）

New Project：创建新项目。

Import　μVision1 Project：导入项目。

Open Project：打开项目。

Close Project：关闭当前项目。

Select Device for Target：选择对象的 CPU。

Remove：从项目中移走一个组或文件。

Options：设置对象、组或文件的工具选项。

Build Target：编译修改过的文件并生成应用。

Rebuild Target：重新编译文件并生成应用。

Translate：编译当前文件。

Stop Build：停止生成应用的过程。

（5）Debug（调试）

Start/Stop Debug：开始/停止调试。

Go：运行程序。

Step：单步执行程序。

Run to Cursor line：运行到光标行。

Stop Runing：停止程序运行。

Breakpoints：打开断点对话框。

Insert/Remove Breakpoint：设置/取消断点。

Enable/Disable Breakpoint：使能/禁止断点。

Memory Map：打开存储器空间。

Performance Analyzer：打开设置分析窗口。

Inline Assembly：某一行重新汇编。

Function Editor：编辑调试函数。

（6）Peripherals（外围器件）

Reset CPU：复位 CPU

根据选择的 CPU 在调试中出现如下对话框：

Interrupt：中断观察。

I/O-Ports：I/O 口观察。

Serial：串口观察。

Timer：定时器观察。

A/D Conoverte：A/D 转换器。

D/A Conoverter：D/A 转换器。

I^2C Conoverter：I^2C 总线控制器。

Watchdog：看门狗。

（7）Tools（工具）

Setup PC-Lint：设置 PC-Lint 程序。

Lin：用 PC-Lint 处理当前文件。

Lint all C Source Files：用 PC-Lint 处理 C 源代码文件。

Setup Easy-Case：设置 Siemens 的 Easy-Case 程序。

Start/Stop Easy-Case：运行/停止 Easy-Case 程序。

Show File（Line）：处理当前编辑的文件。

Customize Tools Menu：添加用户程序到工具菜单中。

6.1.3　工具栏

工具栏位于菜单栏的下方，包含文件管理工具、常用的编辑按钮、常用编译工具按钮、调试工具按钮，下面对各图标的含义进行简要说明。

（1）文件管理工具按钮

：新建文件。

：打开文件。

：存储文件。

：存储所有文件。

:打印文件。

:寻找文件(find in files)。

（2）常用编辑按钮

:文件剪切(cut)，快捷键 Ctrl＋X。

:文件复制（copy），快捷键为 Ctrl＋C。

:文件粘贴(paste)，快捷键为 Ctrl＋V。

（3）常用编译工具按钮

:编译当前文件，快捷键为 Ctrl＋F7。

:编译当前对象文件，快捷键为 F7。

:编译当前所有文件。

:停止编译(Stop build)。

（4）调试工具按钮

:开始/停止调试模式。

:打开/关闭项目窗口。

:打开/关闭输出窗口。

:设置/取消当前行的断点。

:取消所有的断点。

:使能/禁止当前行的断点。

:禁止所有的断点。

:对 CPU 复位，光标处于第一条指令处。

:全速运行程序，快捷键为 F5。

:暂停程序运行，快捷键为 Esc 键。

:单步运行程序。

:宏单步运行程序，跳过子程序运行。

:从子程序中跳出，执行到当前函数结束。

:运行程序到当前光标所在行。

6.1.4 其他窗口

（1）项目窗口

提供对项目的管理功能。三个选项：文件管理（Files）、寄存器组（Regs）和说明书（Books）选项。

（2）程序窗口

对源程序文件进行编辑，如移动、修改、删除等操作。

（3）输出窗口

有编译（Build）、命令（Command）和找到文件（Find in files）三个子项供选择。

调试中，可以通过 View（查看）菜单的选择，在输出窗口中显示或预置存储器单元、堆栈等内容。

6.2 程序的调试

6.2.1 程序调试的过程

① 新建项目文件，＊.UV2 文件。

② 新建源程序文件，建立和保存一个汇编或 C 语言源程序文件（＊.ASM 或 ＊.C 文件）。

③ 选择器件，把源文件添加到项目中。

④ 编译（Build）项目生成目标文件，＊.HEX 文件。

⑤ 调试程序（Debug）。

⑥ 固化程序，程序固化到 ROM。

6.2.2 创建项目和设置环境参数

1. 启动 Keil C51 μVision2 集成开发环境

双击快捷图标 ![] 打开并进入 Keil C51 开发环境，如图 6-3 所示。

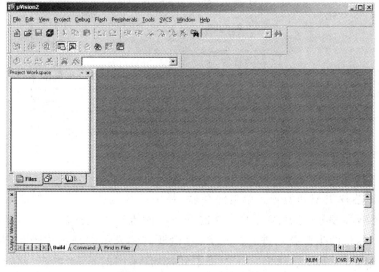

图 6-3 Keil C51 开发环境

2. 新建(或打开)一个项目文件

① 选择【Project】/【New Project】选项新建一个项目,如图 6-4 所示。

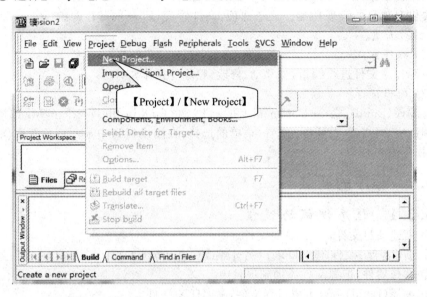

图 6-4　新建一个项目

② 选择要保存项目文件的路径,输入项目名(此处输入 text_01),然后单击"保存"按钮即可,如图 6-5 所示。

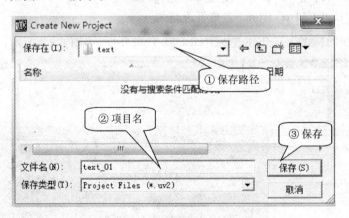

图 6-5　保存项目文件

③ 选择芯片类型和型号。单击保存后,弹出芯片选择对话框,如图 6-6 所示,选择芯片类型和型号(芯片型号的选择也可在后面步骤中选择),此处出现的文件夹采用的是以芯片的生产公司进行的分类,对话框右侧显示的是芯片的介绍。此次设计采用的 STC11F04E 单片机默认中找不到,但其采用的是 51 内核,此处选择常用的 Atmel 公司的 AT89C52 来代替,单击确定完成项目的建立。

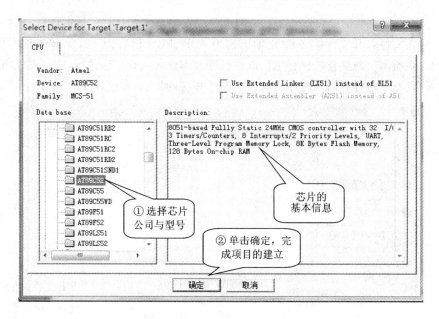

图 6 - 6　选择芯片类型和型号

3．新建和保存一个源文件

① 选择【File】/【New】或单击工具栏的 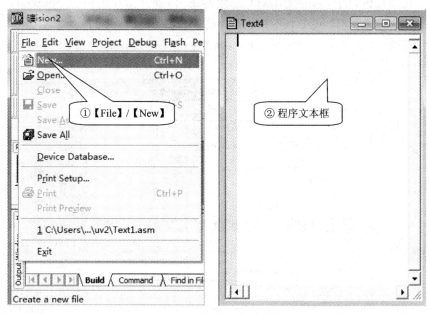 图标，弹出程序文本框，如图 6 - 7 所示。

图 6 - 7　新建一个源文件

② 保存源文件。选择【File】/【Save】选项或直接单击工具栏的 图标；选择保存路径，输入文件名和文件扩展名（汇编语言为＊.ASM，C语言为＊.C），单击保存即可，如图6-8所示。源文件的保存也可以在程序文本框输入程序后进行，应习惯先将空白文件保存一下，这样在编写程序时软件会给予相应的提示，方便程序的编写。

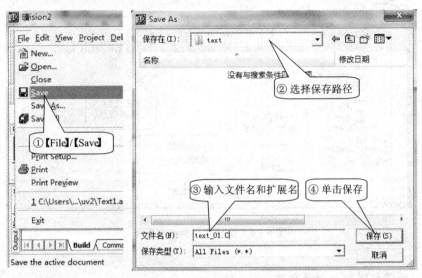

图6-8　保存程序源文件

4. 将源文件加入到项目中

① 在项目窗口中，单击 Target1 前面的＋号，展开里面的内容 Source Group1，用右键单击 Source Group1，在弹出的快捷菜单中选择"Add File to Group'Source Group1'"选项添加文件，如图6-9所示。

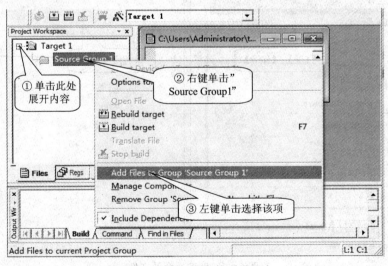

图6-9　添加源文件到项目中

② 选择需要加载到项目的源文件 在弹出的对话框中首先选择源文件的路径，然后选择文件的类型（其中"C Source file（＊. c）"为 C 语言文件类型，"Asm Source file（＊. s＊；＊. src；＊. a＊）"为汇编语言文件类型；"All files（＊. ＊）"为所有文件类型），如果不确定文件类型选择"All files（＊. ＊）"，然后选择相应的文件，单击"Add"完成源文件的添加，然后单击"Close"关闭该对话框，如图 6 - 10 所示。

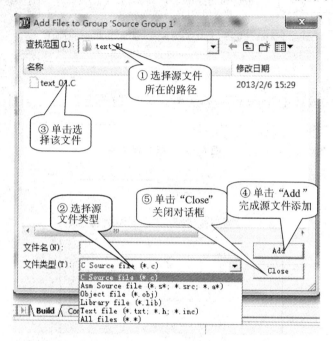

图 6 - 10　选择需要加载到项目的源文件

③ 编写源文件 在项目窗口中，单击 Source Group1 前面的＋号，展开里面的内容，双击"text_01. C"，在右侧程序编辑窗口单击窗口最大化图标，将文件编辑窗口最大化以方便文件的编写，在程序编辑窗口可以进行源程序的编辑，可以直接输入源程序，也可以复制粘贴源文件，如图 6 - 11 所示。

5. 设置调试参数及运行环境

用鼠标右键单击项目中"Target1"在弹出的菜单中选择"Options for Target Target1"或主菜单"Project"中选择"Options for Target Target1"，如图 6 - 12 所示。弹出"Options for Target Target1"对话框，其中有 8 个选项卡，下面首先对常用选项卡进行简要的说明，然后例解常用的设置。

① Device 器件选项卡设置 该选项与创建项目时弹出的"芯片选择"对话框一样，如果在创建项目时没有选择芯片或者现在需要更换芯片型号，均可通过该选项来进行芯片类型的设置（见图 6 - 13），如：Atmel—>AT89C52。

② "Target"选项卡设置 Target 选项卡包含了单片机晶振频率、代码存储、操

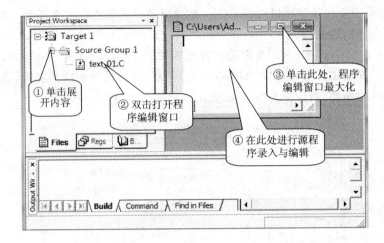

图 6 - 11　编写源文件

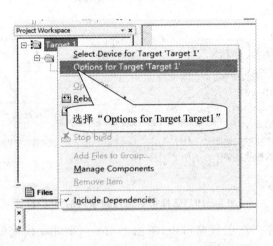

图 6 - 12　"Options for Target Target1"对话框

作系统等相关设置,如图 6 - 14 所示为"Target"选项卡,其各设置如下:

1) Xtal(MHz):设置单片机晶振工作的频率,此处默认为 24.0 MHz。

2) Use On-chip ROM(0x010～0XFFF):表示使用片上的 Flash ROM。

3) Memory Model:存储模式。该项有 3 个选项,即

Small:变量存储在内部 RAM 里。

Compact:变量存储在外部 RAM,使用 8 位间接寻址。

Large:变量存储在外部 RAM 里,使用 16 位间接寻址。

4) Code Rom Size:代码存储空间大小。该项有 3 个选项,即

Small: program 2K or less;Compact:2K functiongs,64K program;Large:
64 KB program。

5) Operating:操作系统。该项有 3 个选项,即

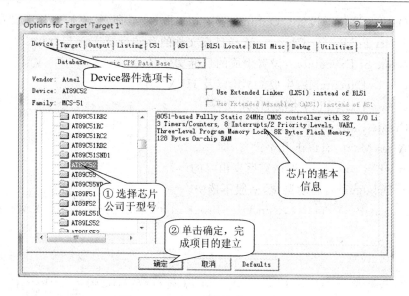

图 6-13 Device 器件选项卡设置

None:表示不使用操作系统。

TX-51 Tiny Real-Time OS :使用 Tiny 操作系统。

RTX-51 Full Real -Time OS :使用 Full 操作系统。

6）Off-chip Code memory:表示片外 ROM 的开始地址和大小。

7）Off-chip Xdata memory:外部数据存储器的起始地址和大小。

8）Code Banking:使用 Code Banking 技术,以支持更多的程序空间。

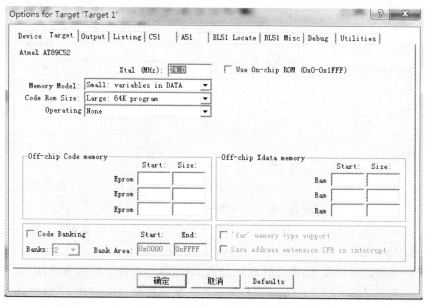

图 6-14 "Target"选项卡设置

③ Output 选项卡设置 Output 选项卡如图 6 - 15 所示,有如下几项设置:

1) Select Folder for Objects:选择目标文件的存储目录。

2) Name of Executable:设置生成的目标文件名。

3) Create Executable:生成 OMF 以及 HEX 文件。

4) Create HEX File:生成 HEX 文件。

5) Create Library:生成 lib 库文件。

6) After Make:有以下几个设置,即

Beep when complete:编译完后发出咚的声音。

Start Debugging:启动调试,一般不选中。

Run User Program ♯1,Run User Program ♯2:设置编译完之后要运行的其他应用程序。

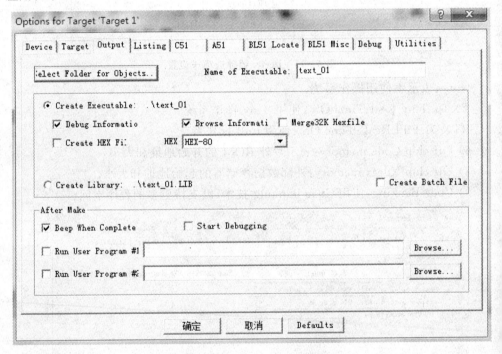

图 6 - 15 Output 选项卡

④ Listing 选项卡设置 该选项卡可以设置列表文件存放目录以及是否生成 *.lst、*.m51 文件等选项,如图 6 - 16 所示。

⑤ Debug 选项卡设置 该选项主要用于仿真形式的选择,如图 6 - 17 所示。仿真形式有两类可选:

"Use Simulator"选项:进行纯软件仿真,不需要外接硬件目标仿真器。

"Use:Keil Monitor-51 Driver"选项:进行外接硬件 Monitor-51 目标仿真器的仿真。

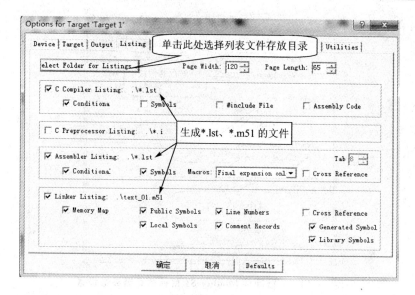

图 6-16 Listing 选项卡设置

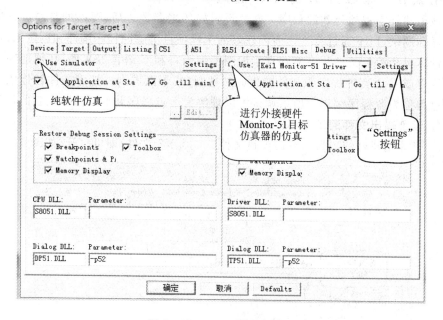

图 6-17 Debug 选项卡设置

"Load Application at Start"选项:选择后,Keil 才会自动装载程序代码。

"Go till main"选项:调试 C 语言程序时,自动运行到 main 程序处。

如果选择"Use:Keil Monitor-51 Driver"选项,可以设置相应的参数,单击"Settings"按钮进行相应参数的设置,如图 6-18 所示。

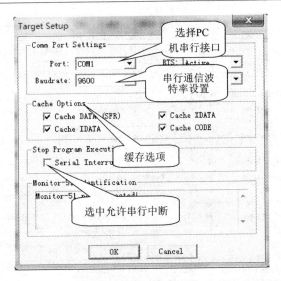

图 6 - 18　外接硬件 Monitor-51 目标仿真器参数设置

6.2.3　源程序的编译和调试

在创建好工程项目和源程序文件并设置好环境参数之后,要做的是对源程序进行编译和调试,以下通过打开之前创建好的工程项目讲解源程序编译和调试的过程。因为计算机和单片机芯片不能够直接识别汇编语言和 C 语言等文件,必须把编写的汇编语言或 C 语言等程序源文件转化成二进制(或十六进制),把源文件转化成二进制的过程称为源程序编译。所谓调试可以理解为运行程序并不断修改完善的过程。

1. 设置输出文件的工作环境

① 打开创建好的项目　双击项目文件(* . UV2 文件)即可打开,如图 6 - 19 所

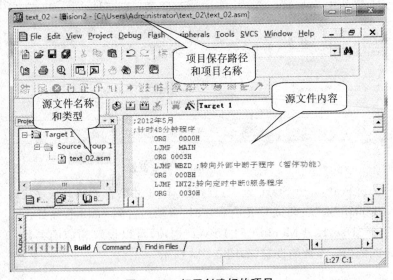

图 6 - 19　打开创建好的项目

示打开创建好的 text_02.UV2 项目文件(此项目文件采用汇编语言编写)。

② 设置调试参数及运行环境　对于初学者,多数环境参数保持默认值即可,当需要时可根据上文的内容进行设置即可,此处应以设置输出文件为例进行简要演示。打开环境设置 Output 选项卡,单击"Create HEX File(生成 HEX 文件)"选项前的复选框,然后单击确定即可,如图 6 - 20 所示。

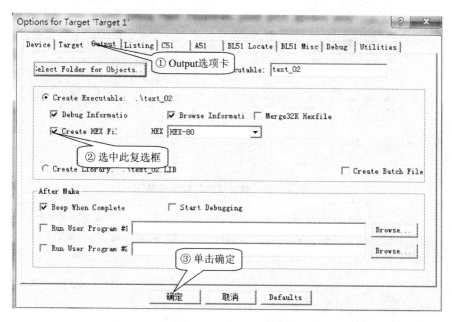

图 6 - 20　设置调试参数及运行环境

2. 编译程序

(1) 程序的编译

常用的编译工具有几个,此处不介绍其区别,应选择【Project】/【Rebuild all target files】(编译当前所有文件)或在工具栏单击 ![图标] (编译所有文件图标)进行源程序文件的编译,在"输出窗口"将产生编译成功的提示信息,如图 6 - 21 所示。

以上是源程序文件编译成功的信息,而有些时候还会出现编译出错的信息,此处在源程序中人为设置错误,编译后来观察输出窗口的编译信息。单击"编译"后发现在"输出窗口"出现"编译未成功"的信息(见图 6 - 22),该信息说明了程序错误的原因,双击"错误提示信息",在源程序的错误行前出现"箭头"指示(该指示是软件认为有错误的行,有时候不一定正确,但大致能说明程序的问题),如果有多处错误,在输出窗口也将有多条提示。将源程序的错误修改之后,重新进行编译,直至输出窗口出现"编译成功"信息。需要说明的是,程序编译成功并不意味着程序符合要求。

(2) 输出文件的查看

编译成功后,在编译文件输出文件夹可以看到输出的 *.HEX 文件,如图 6 - 23

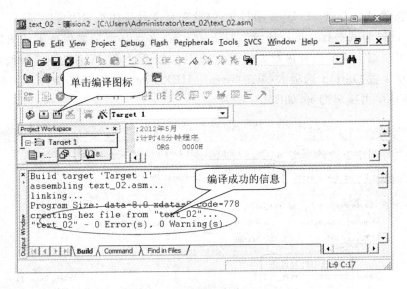

图 6 - 21　编译成功的提示信息

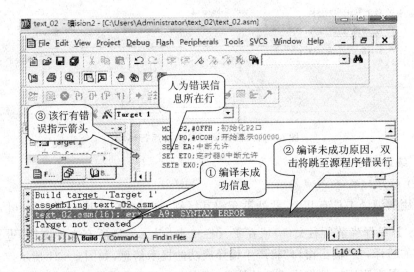

图 6 - 22　编译未成功的提示信息

所示。

3. 程序的仿真调试

（1）选择调试方法

菜单"Project/Options for Target Target1"中，设置"Debug"选项卡。选择仿真形式："Use Simulator（进行软件仿真）"、"Use：Keil Monitor-51 Driver（选择仿真器仿真）"，如图 6 - 24 所示。

（2）进入仿真调试环境

在调试方法中"软件仿真"后，单击主菜单【Debug】/【Start/Stop Debug Session】或

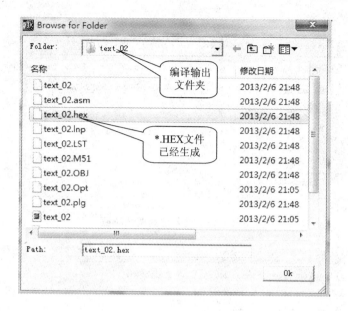

图 6 - 23   输出文件的查看

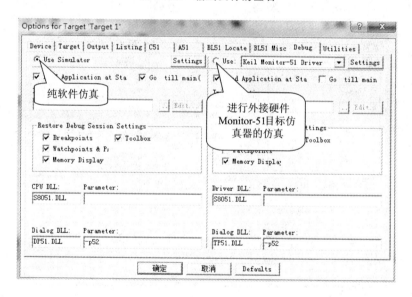

图 6 - 24   选择调试方法

者单击调试工具条("Debug Bar")中的 铵钮或者通过快捷键 CTRL＋F5 进入仿真调试环境,再次单击将退出调试环境,如图 6 - 25 所示。

程序调试窗口如图 6 - 26 所示。

（3）仿真调试过程

① 进入仿真调试环境　单击按钮 进入调试环境,再次单击,将退出调试,如

图 6-25 所示。

图 6-25 进入仿真调试环境

图 6-26 程序调试窗口

② 设置程序计数器 PC 值 单击 复位按钮,程序从 0000H 开始执行,也可以在项目窗口"Project Workspace"中的寄存器(Regs)选项中,修改 PC 的值,如图 6-27 所示。

③ 选择全速运行程序 单击 (Run)按钮,全速运行程序,单击 (Halt)暂停按钮,停止程序的运行。

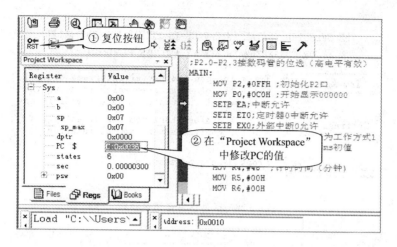

图 6 - 27 设置程序计数器 PC 值

④ 选择运行程序到当前光标所在行 首先用鼠标单击一下所希望运行到的指令行,然后单击 （Step to Cursor Line）按钮。

⑤ 选择单步运行程序 单击 🖑（Step into）按钮,单步运行程序,遇到子程序则进入执行。或单击 $\mathbf{0}^{\downarrow}$（Step over）按钮,宏单步运行程序。对于不需再调试的子程序,可以利用它,一次性越过调用子程序的指令。

⑥ 选择设置断点调试 断点是人为地在程序指令处设置的标记,当程序全速运行到该处时会自动暂停。

设置/取消当前行的断点（Insert/Remove Breakpoint）按钮 🖑,单击该行置断点,再按下则取消当前行断点（也可通过双击该行设置或取消断点）。

取消所有的断点（Kill All Breakpoints）按钮 🖑 。

使能/禁止当前光标所在行的断点（Enable/Disable Breakpoint）按钮 🖑 。

禁止所有的断点（Disable All Breakpoints）按钮 🖑 。

⑦ 选择硬件仿真器调试 进行带有 Monitor-51 目标仿真器的仿真,需要通过 PC 机串口外接硬件目标仿真器并对 PC 机的串行通信口进行参数设置。调试前连接好实验导线然后再打开电源开关,单击按钮,开始调试,同样可以运用全速运行、单步运行、运行到光标行、运行到断点处等方法进行调试。

在选择硬件仿真器调试过程中,如果出现如图 6 - 28 所示的对话框,说明和硬件仿真器连接出现故障,这时可以按动仿真器上的复位按键后,确认硬件连接无误后,选择图 6 - 28 所示"Try Again"按钮即可重新进入调试阶段。

（4）用仿真调试输出窗口来观察运行结果

① View 菜单 通过该菜单可以查看寄存器、存储器等运行结果,如图 6 - 29 所示。

② Peripherals 菜单 根据选择的不同单片机型号,通过该菜单可以查看 Interrupt（中

THE SELECTED SERIAL INTERFACE IS EITHER NOT INSTALLED
OR CURRENTLY IN USE BY ANOTHER PROGRAM!

Try Again   Tries to open the serial interface again.
Close the other program which is using the
same serial interface or select a different

Settings ...   Opens a dialog where you can select the
monitor configuration, serial interface

Stop Debugging   Stops debugging session.

图 6 – 28　硬件仿真器调试故障

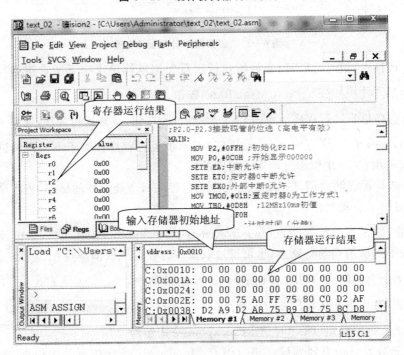

图 6 – 29　寄存器、存储器等运行结果

断),I/O-Ports(I/O 口)、Serial(串口)、Timer(定时器)等结果,如图 6 – 30 所示。

在利用硬件进行实时在线仿真时,不仅可以观察到 CPU 的寄存器、存储器、I/O 接口、定时器等状态,而且可以实时地观察到硬件设备的运行结果,如数据的采集、果的显示、人机对话的功能等。这样,就极大限度地反映了目标板的真实的实时运行情况。

(5) 程序的固化

调试完成后,可以进行程序的固化,也就是将目标程序代码写入芯片 ROM 中。再根据实际应用环境中运行的结果进行调整,完成各种考验后方能最终完成应用系

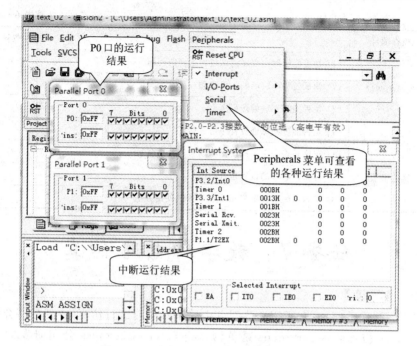

图 6－30 中断、I/O 口、定时器等运行结果

统的设计，程序固化部分的内容将在任务 9 中进行讲解。

【巩固训练】

1. 训练目的：掌握 Keil C51 软件的使用方法。

2. 训练内容：

① 创建篮球计时计分器程序调试项目并加载程序文件。

② 对篮球计时计分器程序进行调试与编译。

利用所学内容创建篮球计时计分器程序调试项目并加载程序文件，应能够熟练的创建项目、正确加载项目文件、正确设置调试参数，应能够解决程序调试过程中遇到的问题，并记录下解决思路和解决方法，能够利用 Keil C51 软件熟练进行程序仿真和调试，熟练掌握 Keil C51 软件的使用方法。

3. 训练检查：表 6－1 所列为检查内容和检查记录。

表 6－1 检查内容和检查记录

检查项目	检查内容	检查记录
项目创建与参数设置	（1）项目创建的过程是否熟练	
	（2）项目文件的加载是否正确	
	（3）调试参数及运行环境的设置是否正确	

检查项目	检查内容	检查记录
程序的调试与编译	(1) 是否能够解决程序调试过程遇到的问题	
	(2) 调试过程解决问题的思路和方法是否有记录	
	(3) 是否能够正确编译程序	
	(4) 是否能够熟练进行程序仿真调试	
其他事项	(1) 程序是否采用了模块化的编写与调试	
	(2) 对项目参数的设置是否熟练	
	(3) 是否系统掌握了 Keil C51 软件的使用方法	

任务7 数字钟电路仿真

【任务导读】

在实际制作数字钟前,可以首先对其电路基本功能进行仿真,本任务将介绍最常用的 Proteus 仿真软件。Proteus 是英国 Labcenter electronics 公司研发的多功能 EDA 软件,它具有功能很强的智能原理图输入系统,有非常友好的人机互动窗口界面,有丰富的操作菜单与工具。在原理图编辑区中,能方便地完成单片机系统的硬件设计、软件设计、单片机源代码的调试与仿真。

Proteus 有 30 多个元器件库,拥有数千种元器件仿真模型,有形象生动的动态器件库、外设库。特别是有从 8051 系列 8 位单片机直至 ARM7 的 32 位单片机的多种单片机类型库。支持的单片机类型有:68000 系列、8051 系列、AVR 系列、PIC12 系列、PIC16 系列、PIC18 系列、Z80 系列、HC11 系列以及各种外围芯片。

Proteus 有多达 10 余种的信号激励源,10 余种虚拟仪器(如示波器、逻辑分析仪、信号发生器等),可提供软件调试功能,具有模拟电路仿真、数字电路仿真、单片机及其外围电路组成的系统仿真、RS232 动态仿真、I^2C 调试器、SPI 调试器、键盘和 LCD 系统仿真的功能;还能用来精确测量与分析 Proteus 高级图表仿真(ASF)。它们构成了单片机系统设计与仿真完整的虚拟实验室,Proteus 同时支持第三方的软件编译和调试环境,如上一任务学习的 Keil C51 μVision2 软件。

Proteus 还有使用极方便的印刷电路板高级布线编辑软件(PCB)。特别指出,Proteus 库中数千种仿真模型是依据生产企业提供的数据来建模的。因此 Proteus 设计与仿真极其接近实际。目前,Proteus 已成为流行的单片机系统设计与仿真平台,应用于各种领域,本任务将重点学习。

7.1 熟悉 Proteus 仿真软件工作界面

双击计算机桌面上的 ISIS 7.8 SP2 Professional 图标或者单击屏幕左下方的"开

始"→"程序"→"Proteus 7 Professional"→"ISIS 7 Professional",出现如图7-1所示屏幕,表明进入了 Proteus ISIS 集成环境。

图7-1　启动时的屏幕

Proteus ISIS 的工作界面是一种标准的 Windows 界面,如图7-2所示。图中包括:主菜单、标准工具栏、绘图工具栏、对象选择按钮、预览对象方位控制按钮、仿真进

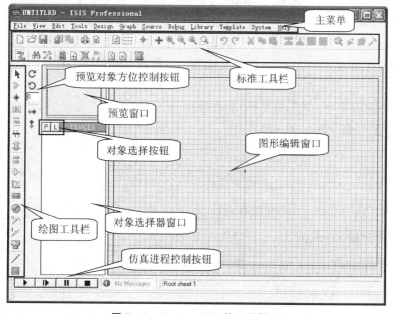

图7-2　Proteus ISIS 的工作界面

程控制按钮、预览窗口、对象选择器窗口、图形编辑窗口等部分。

为了方便读者使用，接下来首先对各部分的英文含义、图标含义进行简单的说明。

7.1.1 主菜单

1. File(文件)

(1) New（新建）　　　　　　新建一个电路文件。

(2) Open（打开）　　　　　打开一个已有电路文件。

(3) Save（保存）　　　　　将电路图和全部参数保存在打开的电路文件中。

(4) Save As（另存为）将电路图和全部参数另存在一个电路文件中。

(5) Print（打印）　　　　　打印当前窗口显示的电路图。

(6) Page Setup　　　　　设置打印页面。

(7) Exit（退出）　　　　　退出 Proteus ISIS。

2. View(查看)

(1) Redraw（重画）　　　　重画电路。

(2) Zoom In（放大）　　　放大电路到原来的两倍。

(3) Zoom Out（缩小）　　缩小电路到原来的 1/2。

(4) Full Screen（全屏）　全屏显示电路。

(5) Default View（默认）　恢复最初状态大小的电路显示。

(6) Simulation Message（仿真信息）显示/隐藏分析进度信息显示窗口。

(7) Common Toolbar（常用工具栏）显示/隐藏一般操作工具条。

(8) Operating Toolbar（操作工具栏）显示/隐藏电路操作工具条。

(9) Element Palette（元件栏）显示/隐藏电路元件工具箱。

(10) Status Bar（状态信息条）显示/隐藏状态条。

7.1.2 标准工具栏

(1) File→New Design 新建设计。

(2) File→Open Design 打开设计。

(3) File→Save Design 保存设计。

(4) File→Import Section 导入部分文件。

(5) File→Export Section 导出部分文件。

(6) File→Print 打印。

(7) File→Set Area 设置区域。

（8）View→Redraw 刷新。

（9）View→Grid 栅格开关。

（10）View→Origin 原点。

（11）View→Pan 选择显示中心。

（12）View→Zoom In 放大。

（13）View→Zoom Out 缩小。

（14）View→Zoom All 显示全部。

（15）View→Zoom to Area 缩放一个区域。

（16）Edit→Undo 撤销。

（17）Edit→Redo 恢复。

（18）Edit→Cut to clipboard 剪切。

（19）Edit→Copy to clipboard 复制。

（20）Edit→Paste from clipboard 粘贴。

（21）Block Copy(块)复制。

（22）Block Move(块)移动。

（23）Block Rotate(块)旋转。

（24）Block Delete(块)删除。

（25）Library→Pick parts from Libraries 从元件库选择元件。

（26）Library→Make Device 制作元件。

（27）Library→Packaging Tool 封装工具。

（28）Library→Decompose 分解元器件。

（29）Tools→Wire Auto Router 自动布线器。

（30）Tools→Search and Tag 查找并标记。

（31）Tools→Property Assignment Tool 属性分配工具。

（32）Design→Design Explorer 设计资源管理器。

（33）Design→New Sheet 新建图纸。

（34）Design→Remove Sheet 移去图纸。

（35）Exit to Parent Sheet 转到主原理图。

（36）View BOM Report 查看元器件清单。

(37) Tools→Electrical Rule Check 生成电气规则检查报告。

(38) Tools→Netlist to ARES 创建网络表。

7.1.3　绘图工具栏

(1) 用于即时编辑元件参数(先单击该图标再单击要修改的元件)。

(2) 选择元件(components)(默认选择的)。

(3) 放置连接点。

(4) 放置标签。

(5) 放置文本。

(6) 绘制总线。

(7) 放置子电路。

(8) 终端接口(terminals):有 VCC、GND、输出、输入等接口。

(9) 器件引脚:用于绘制各种引脚。

(10) 仿真图表(graph):用于各种分析。

(11) 录音机。

(12) 信号发生器(generators)。

(13) 电压探针:仿真图表时要用到。

(14) 电流探针:仿真图表时要用到。

(15) 虚拟仪表:有示波器等。

(16) 画各种直线。

(17) 画各种方框。

(18) 画各种圆。

(19) 画各种圆弧。

(20) 画各种多边形。

(21) **A** 画各种文本。

(22) 画符号。

(23) 画原点等。

7.1.4　对象选择按钮

用于挑选元件(components)、终端接口(terminals)、信号发生器(generators)、仿真图表(graph)等。例如:当选择"元件(components)",单击"P"按钮会打开挑选元件对话框,选择了一个元件后(单击了"OK"后),该元件会在元件列表中显示,以后要用到该元件时,只需在元件列表中选择即可。

7.1.5 预览对象方位控制按钮

旋转: ⟳ ⟲ ⌐270 旋转角度只能是 90 的整数倍。

翻转: ↔ ↕ 完成水平翻转和垂直翻转。

使用方法:先右键单击元件,再单击(左击)相应的旋转图标。

7.1.6 仿真进程控制按钮

‖ ▪ 暂停与停止

▶ ▮▶ 运行与单步运行

7.1.7 预览窗口

该窗口通常显示整个电路图的缩略图。在预览窗口上单击鼠标左键,将会有一个矩形蓝绿框标示出现在编辑窗口中显示的区域。其他情况下,预览窗口显示将要放置的对象的预览。这种 Place Preview 特性在下列情况下被激活:

① 一个对象在选择器中被选中时;

② 当使用旋转或镜像按钮时;

③ 当为一个可以设定朝向的对象选择类型图标时;

④ 当放置对象或者执行其他非以上操作时,Place Preview 会自动消除。

对象选择器(Object Selector)根据由图标决定的当前状态显示不同的内容。显示对象的类型包括:设备、终端、引脚、图形符号、标注和图形。

在某些状态下,对象选择器有一个 Pick 切换按钮,单击该按钮可以弹出库元件选取窗体。通过该窗体可以选择元件并置入对象选择器,在今后绘图时使用。

7.1.8 图形编辑窗口

在图形编辑窗口内完成电路原理图的编辑和绘制。

(1)坐标系统(CO-ORDINATE SYSTEM)

ISIS 中坐标系统的基本单位和 Proteus ARES 保持一致。但坐标系统的识别(read-out)单位被限制在 1th。坐标原点默认在图形编辑区的中间,图形的坐标值能够显示在屏幕的右下角的状态栏中。

(2)点状栅格(The Dot Grid)与捕捉到栅格(Snapping to a Grid)

编辑窗口内有点状的栅格,可以通过 View 菜单的 Grid 命令在打开和关闭间切换。点与点之间的间距由当前捕捉的设置决定。捕捉的尺度可以由 View 菜单的 Snap 命令设置,或者直接使用快捷键 F4、F3、F2 和 CTRL+F1,如图 7-3 所示。若键入 F3 或者通过 View 菜单的选中 Snap 0.1in。

注意:鼠标在图形编辑窗口内移动时,坐标值是以固定的步长 0.1 in 变化,这称为捕捉,如果想要确切地看到捕捉位置,可以使用 View 菜单的 X-Cursor 命令,选中后将会在捕捉点显示一个小的或大的交叉十字。

（3）实时捕捉（Real Time Snap）

当鼠标指针指向引脚末端或者导线时，鼠标指针将会被捕捉到这些物体，这种功能被称为实时捕捉，该功能可以方便地实现导线和引脚的连接。可以通过 Tools 菜单的 Real Time Snap 命令或者是 Ctrl＋S 切换该功能。

可以通过 View 菜单的 Redraw 命令来刷新显示内容，同时预览窗口中的内容也将被刷新。当执行其他命令导致显示错乱时可以使用该特性恢复显示。

（4）视图的缩放与移动

可以通过如下几种方式：

用鼠标左键单击预览窗口中想要显示的位置，这将使编辑窗口显示以鼠标单击处为中心的内容。

在编辑窗口内移动鼠标，按下 SHIFT 键，用鼠标"撞击"边框，这会使显示平移，这称为 Shift-Pan。

图 7-3　View 菜单

用鼠标指向编辑窗口并按缩放键或者操作鼠标的滚动键，会以鼠标指针位置为中心重新显示。

7.2　数字钟仿真电路的绘制

下面通过数字钟电路图的绘制来讲解 Proteus ISIS 仿真图的基本使用方法，要绘制的电路如图 7-4 所示。

在进行电路绘制之前，有必要对本软件中鼠标操作的特点进行说明：

① 放置对象　在空白处单击鼠标左键（简称单击），放置元器件、连线。

② 选中对象　单击鼠标左键，选择元器件、连线和其他对象，此时选中的操作对象以高亮红色（默认色）显示。

③ 删除对象　鼠标右键单击要删除的对象，在弹出的下拉菜单中选择删除命令，删除元器件、连线等。

④ 块选择　按住鼠标左键拖出方框，选中方框中的多个元器件及其连线。

⑤ 编辑对象　双击鼠标左键（简称双击），编辑元器件属性。

⑥ 移动对象　先左击选中对象（简称选中），按住鼠标左键移动，拖动元器件、连线。

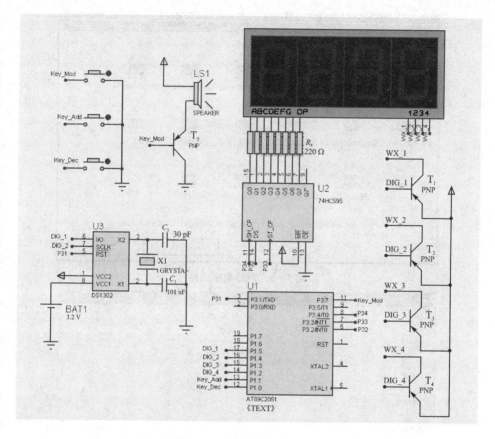

图 7 - 4 数字钟仿真电路图

⑦ 缩放对象 按住鼠标中键滚动,以鼠标停留点为中心,缩放电路。

7.2.1 新建设计文件

单击菜单中的"file→New Design",出现选择模板窗口,如图 7 - 5 所示。其中横向图纸为 Landscape,纵向图纸为 Portrait,DEFAULT 为默认模板。选中模板"DE-FAULT",再单击"OK"按钮,则选定了模板"DEFAULT"。单击按钮 🖫 (保存设计),弹出如图 7 - 6 所示的"SaveISIS Design File"对话框,选择好保存路径,然后在文件名框中输入"数字钟仿真电路图",再单击"保存"按钮,则完成新建设计文件操作,其后缀自动为.DSN,即:数字钟仿真电路图.DSN。

另外,需要说明的是:当启动 Proteus 进入 ISIS 系统后,会自动出现一个空白设计,模板默认为"DEFAULT",它的文件名在窗口顶端的标题栏,为未命名"Untitled"。可单击按钮 🖫 (保存设计),对其更名和保存。

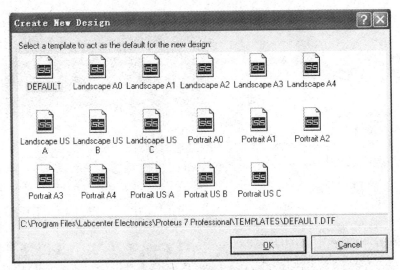

图 7 - 5　图纸模板选择

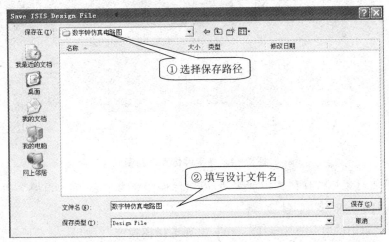

图 7 - 6　设计文件的保存

7.2.2　设定绘图纸大小

当前的用户图纸大小为默认 A4：长×宽为 10 in×7 in。若要改变图纸大小，单击菜单中的"System→Set Sheet Size"，弹出如图 7 - 7 所示的窗口，在窗口可以选择 A0～A4 其中之一，也可以自己设置图纸大小：选中"User"右边的复选框，再按需要输入适合的长和宽。选好或设定好后单击"OK"即可，此例中可采用的图纸大小为默认的 A4。

7.2.3　选取元器件并添加到对象选择器中

本例数字钟仿真电路需要用到的元器件如表 7 - 1 所列。

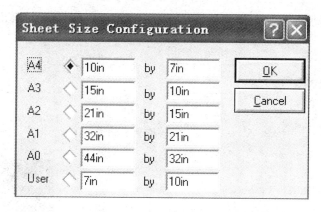

图 7-7 图纸大小设置窗口

表 7-1 数字钟仿真电路元件列表

序 号	元件名称	序 号	元件名称
1	数码管 7SEG-MPX4-CA	7	晶振 CRYSTAL
2	驱动芯片 74HC595	8	时钟芯片 DS1302
3	单片机 AT89C2051	9	NPN 三极管 NPN
4	轻触开关 BUTTON	10	电阻 RES
5	电容 CAP	11	扬声器 SPEAKER
6	电池 CELL	—	—

首先单击图 7-8 中的 ⬚ (元件选择)按钮,然后单击"P"按钮,弹出如图 7-9 所示的选取元器件对话框。

在图 7-9 中包含了关键字输入框、元件分类框、元件子类分类框、元件生产厂家、元件搜索或查询结果显示窗口、原理图预览窗口、PCB 预览窗口等部分。在此对话框中常用的元器件选取方法有两种,下面分别进行介绍。

图 7-8 选取元器件

1. 关键字查找法

在关键字查找法中,关键字可以是对象的名称(全名或部分)、描述、分类子类,甚至是对象的属性值。此处以数字钟用到的"单片机"为例进行介绍。在其左上角一栏中输入元器件名称"AT89C2051",则出现与关键字匹配的元器件列表(见图 7-10),选中并双击 AT89C2051 所在行便将该元件加入到 ISIS 对象选择器中,可以在关键字继续输入其他元器件的名称,继续添加,添加完毕,单击"OK"即可。若搜索结果相匹配的元器件太多,可以通过限定分类、子类来缩小搜索范围,再做取舍。

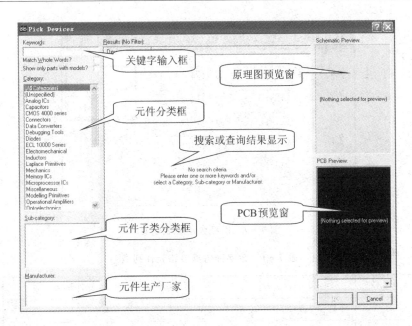

图 7-9　选取元器件

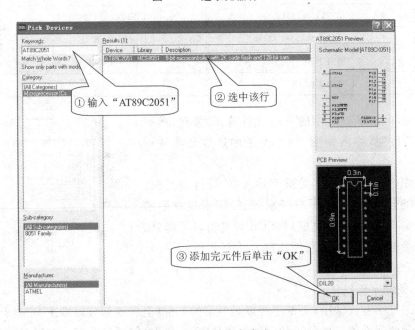

图 7-10　关键字查找法

2. 分类查找法

分类查找法以元器件所属大类、子类甚至生产厂家为条件一级一级地缩小范围进行查找,此方法首先需要知道要找的元件属于"元件分类"中的哪一类,此处以数字钟用到的"按钮"为例进行介绍。首先在大类中选择"Swithes&Relays",此时在"元件搜索或查询结果窗口"的上方提示有 342 个元器件,此处选择"BUTTON"即要用到的"按钮",如图 7-11 所示。如果只知道"按钮"所在的分类而不知道"按钮"的相关名称,可以在这 342 个对象中逐个查看,观察"原理图预览窗口"即可知道是否需要的元器件,找到需要的元器件后选中并双击该元件所在行便将该元件加入到可 ISIS 对象选择器中,可以继续添加其他元器件,添加完毕,单击"OK"即可。实际应用中常将"关键字查找法"与"分类查找法"结合使用。

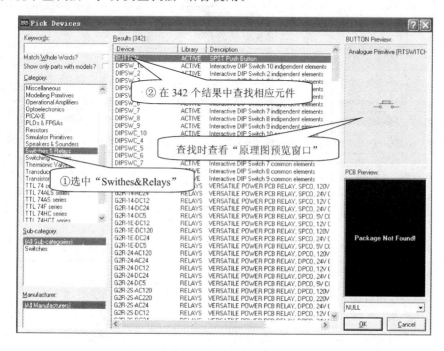

图 7-11 分类查找法

为了方便使用,现在将"元件分类"中的各类元件(大类)中英文对照写出,如表 7-2 所列。本书附录 4 给出了 Proteus 常用元件库与子元件库的中英文对照表,附录 5 给出了 Proteus 常用元件的中英文对照表。

表 7-2 元件分类中英文对照

序 号	英文名称	中文名称	备 注
1	All categories	所有分类	
2	Analog ICs	模拟 IC	如 78/79 系列三端稳压
3	Capacitors	电容器类	
4	CMOS 4000 series	CMOS 4000 系列	
5	Connectors	各类连接头	如 9 针串口、USB 接口
6	Data Converters	数据变换器	

续表 7－2

序 号	英文名称	中文名称	备 注
7	Debugging Tools	调试工具	
8	Diodes	二极管	不包括发光二极管
9	ECL 10000 Series	ECL 10000 系列 IC	
10	Electromechanical	机电类	如电机、风扇
11	Inductors	电感器	如电感、变压器
12	Laplace Primitives	拉普拉斯模型类	
13	Mechanics	机械类	
14	Memory ICs	存储类 IC	
15	Microprocessor ICs	微处理器类	如 8051、ARM 系列
16	Miscellaneous	杂合元件	如保险丝、表头、电池
17	Modelling Primitives	建模源	
18	Operational Amplifiers	运算放大器	如 741
19	Optoelectronics	光电类	如发光二极管、LCD 屏
20	PICAXE	具有串行下载的微处理器芯片	
21	PLDs & FPGAs	可编程逻辑器件及现场可编程门阵列类	
22	Resistors	电阻	如电阻、电位器、排阻
23	Simulator Primitives	仿真源类	
24	Speakers & Sounders	扬声器及发声类	如扬声器、蜂鸣器
25	Switches & Relays	开关及继电器类	如各类开关、继电器、键盘
26	Switching Devices	开关类器件	如可控硅、双向触发二极管
27	Thermionic Valves	热离子真空管类	
28	Transducers	传感器类	如光敏电阻、热电偶
29	Transistors	晶体管	如各类三极管、场效应管
30	TTL 74 series	74 系列 IC	标准型
31	TTL 74ALS series	74ALS 系列 IC	先进低功耗肖特基
32	TTL 74AS series	74AS 系列 IC	先进肖特基
33	TTL 74F series	74F 系列 IC	高速
34	TTL 74HC series	74HC 系列 IC	超高速 CMOS，CMOS 电平
35	TTL 74HCT series	74HCT 系列 IC	超高速 CMOS，TTL 电平
36	TTL 74LS series	74LS 系列 IC	低功耗肖特基
37	TTL 74S series	74S 系列 IC	肖特基

根据上面介绍的两种方法及表 7 - 1 所列,将数字钟仿真电路所需的元器件添加到对象选择器中,被选取的元器件都加入到 ISIS 对象选择器中,如图 7 - 12 所示。

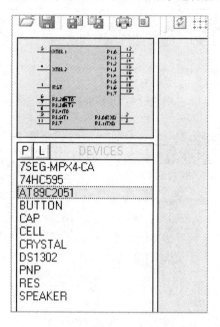

图7 - 12　选取元器件均加入到 ISIS 对象选择器中

7.2.4　网格单位

图 7 - 13 所示默认的网格单位是 0.1in,这也是移动元器件的步长单位,可根据需要改变这一单位。单击菜单"View(查看)",再单击所要的网格单位即可。如图 7 - 13 所示,选项左侧复选框打√的项为选中项,也可按快捷键 Ctrl＋F1 或 F2 或 F3 或 F4 设置相应的网格单位。

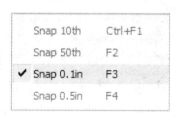

图 7 - 13　网格单位选择

7.2.5　元器件的放置、移动与方向调整

1. 元器件的放置

单击 ISIS 对象选择器中的元器件名,蓝色条出现在该元器件名上。把鼠标指针(以后简称指针)移到编辑区,单击左键,元件即"粘贴"在光标上,移动鼠标元件跟随移动,移动至合适位置,再次单击左键即可放置元器件于该位置,如图 7 - 14 所示。

2. 元器件的移动

要移动元器件,先单击左键使元器件处于选中状态(即高亮度状态),再按住鼠标左键(以后简称按住左键)拖动,元器件就跟随指针移动(见图 7 - 15),移动到合适位置后,松开鼠标即可。

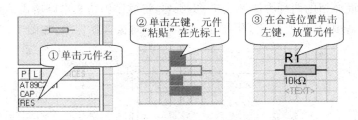

图 7 - 14 元器件的放置

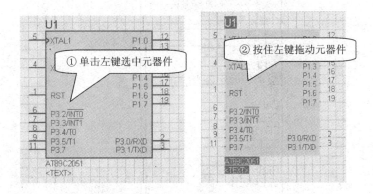

图 7 - 15 元器件的移动

3. 元器件的方向调整

要调整元器件方向,常用的有两种方法。

方法一:在对象选择器窗口对元器件方向进行调整。单击 ISIS 对象选择器中的元器件名,先将指针指在元器件上左键单击选中,再单击相应的转向按钮 ，可以实现元件的顺时针旋转、逆时针旋转、水平翻转和垂直翻转,如图 7 - 16 所示为元件逆时针旋转 90°,单击相应按钮可实现相应的方向调整。

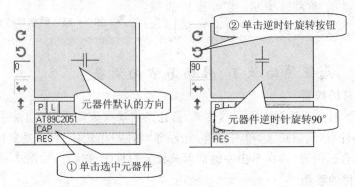

图 7 - 16 元件逆时针旋转 90°

方法二:在编辑区对元件方向的调整。单击鼠标左键将元器件选中,将鼠标放在元器件上,单击鼠标右键,出现调整元器件方向图标,如图7-17所示为元件水平翻转,单击相应按钮可实现相应的方向调整。

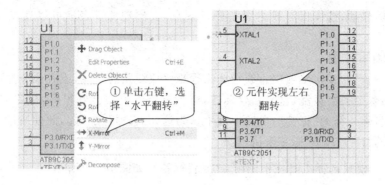

图7-17 元件水平翻转

在编辑区可以实现对多个对象一起移动或调整方向,其操作方法与单个元件接近,只需将多个元件同时选中,移动和调整方向按照单个元件进行即可。通过放置、移动、调整元器件操作,可将各元器件放置在ISIS编辑区中的合适位置。

7.2.6 放置电源、地(终端)

放置POWER(电源)操作:单击模式选择工具栏中的终端按钮,在ISIS对象选择器中单击POWER(电源),如图7-18所示。再在编辑区放置电源,放置方法与放置元器件方法相同:单击左键,元件"粘贴"在光标上,移动鼠标元件跟随移动,移动至合适位置,再次单击左键即可放置元器件于该位置。放置GROUND(地)的操作类似。

7.2.7 电路图布线

1. 用直线绘线

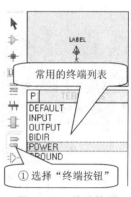

图7-18 终端符号

系统默认自动捕捉 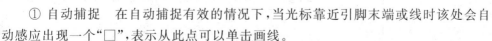 和自动布线 有效。单击元器件引脚间、线间等要连线的两处,会自动生成连线。

① 自动捕捉 在自动捕捉有效的情况下,当光标靠近引脚末端或线时该处会自动感应出现一个"□",表示从此点可以单击画线。

② 自动布线 在前一指针落点和当前点之间会自动预画线,它可以是带直角的线。在引脚末端选定第一个画线点后,随指针移动自动有预画细线出现,当遇到障碍时,会自动绕开障碍,这正是智能绘图的表现。

③ 手工调整线形 要进行手工直角画线,直接在移动鼠标的过程中单击即可。若要手工任意角度画线,在移动鼠标的过程中按住Ctrl键,移动指针,预画线自动随指针呈任意角度,确定后单击即可。

④ 移动画线、改变线形 选中要改变的画线,指针靠近画线,出现"×"捕捉标志,按下左键,若出现双箭头,表示可沿垂直于该线的方向移动。此时拖动鼠标,就近的线会跟随移动;按住拐点或斜线上任意一点,会出现✛,表示可以任意角度拖动画线。

2. 用标签连线

当电路较复杂时,单独用直线绘线将很难完成线路的布线,或者说单独用直线绘线,电路图看上去会很乱,这时结合标签,整个电路看上去会好很多,标签的含义是:在电路中名称一样的"标签",电路原理上认为这几点连接在一起,此处通过数字钟仿真电路中的"Key_Add"标签来讲解。

① 单击模式选择工具栏中的 LBL(放置标签),如图 7 - 19 所示。

图 7 - 19 选择"放置标签"

② 选择需要放置标签的元件引脚。在电路中找到需要放置标签的元件引脚,单击鼠标左键,出现如图 7 - 20 所示对话框,在"String"对话框输入标签名称:Key_Add,单击"OK"完成一处标签的放置(标签至少要放置两处)。

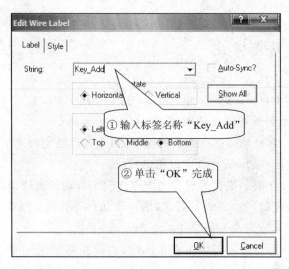

图 7 - 20 添加一处标签

③ 根据电路原理，按照上述步骤继续添加标签。此处数字钟电路中，标签为"Key_Add"的有两处，标签添加完成后如图 7 - 21 所示，图中两处标签为"Key_Add"的在电路原理上是连接在一起的，也就是说图中左边的轻触开关的一端与图中右边单片机的 P1.1 连接在一起。

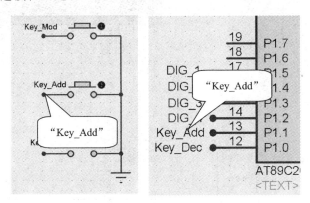

图 7 - 21 完成一组标签的添加

7.2.8 设置、修改元器件的属性

Proteus 库中的元器件都有相应的属性，要设置、修改它的属性，可以对对象双击鼠标左键打开其属性窗口，这时可在属性窗口中设置、修改它的属性。例如，将 1 nF 的电容修改为 30 pF，其属性窗口如图 7 - 22 所示，已将电容量由 1 nF 修改为 30 pF。其他元器件属性值修改结果如图 7 - 23 所示。

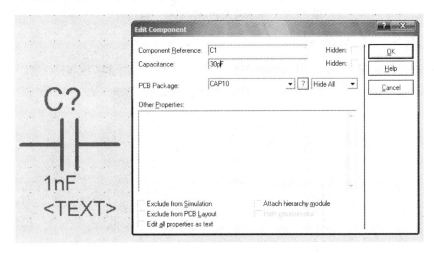

图 7 - 22 修改元器件的属性

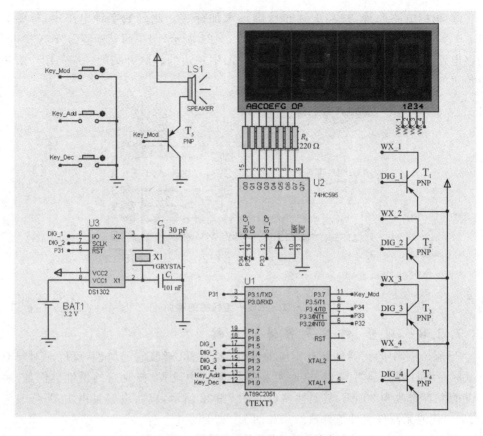

图 7 - 23   编辑完成的单片机数字钟电路

7.2.9   电气检测

设计电路完成后,单击电气检查按钮 □ 后出现检查结果窗口,如图 7 - 24 所示。

图 7 - 24   电气检查窗口

窗口前面是一些文本信息,接着是电气检查结果列表,若有错,会有详细的说明,根据说明对电路进行修正。检查结果下方有三个按钮:Clipboard(复制到剪贴板)、Save As(另存为)、Close(关闭窗口),可以根据需要进行选择。当然,也可通过菜单操作"Tools—Electrical Rule Check...",完成电气检测。

7.2.10 加载程序运行仿真

1. 加载编译好的程序文件

电气检查通过,确认电路无误后即可进行电路仿真,双击"AT89C2051",或者单击选中"AT89C2051",再次单击将出现图 7－25 所示的 AT89C2051 属性窗口,可以看到 Program File 对话框中此时没有程序文件,单击 图标,查找编译好的数字钟程序,如图 7－26 所示。

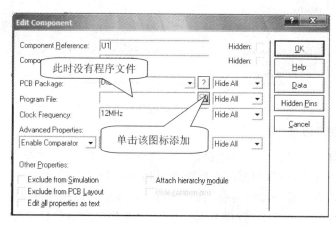

图 7－25 AT89C2051 属性窗口

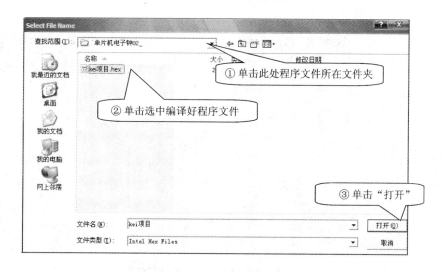

图 7－26 添加单片机数字钟程序

在图 7 - 26 中,找到程序文件所在的文件夹,单击选中编译好的程序文件,单击"打开"将回到 AT89C2051 元件属性界面,如图 7 - 27 所示,可以看到 Program File 对话框中此时已有程序文件,单击"OK"完成程序文件的添加。

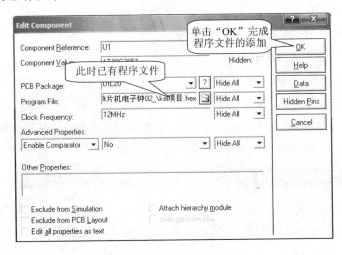

图 7 - 27　完成程序的添加

2. 运行电路仿真

加载好程序文件后,即可对电路进行仿真了,单击 [▶] 按钮可以开始电路仿真,开始电路仿真后,可以根据电路的功能对仿真进行相应的调试,比如可以调整电路中的按键,观察其是否能够符合预期的结果等,在单片机电子钟电路中仿真结果如图 7 - 28 所示,显示 8 点 12 分和 10 点 21 分,因为仿真库中的数码管均没有"冒号",作为基本功能的仿真此处就不做说明,感兴趣的读者可以用多个发光二极管代替,或者自己绘制元件,此处不做讲解。

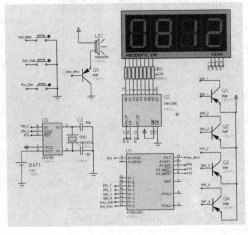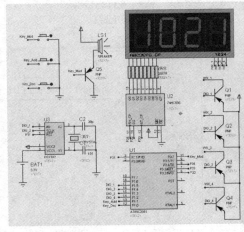

图 7 - 28　单片机电子钟电路仿真结果

【巩固训练】

1. 训练目的：掌握 Proteus 仿真软件的使用方法。

2. 训练内容：

① 绘制篮球计时计分器仿真电路图。

② 加载仿真程序对篮球计时计分器进行功能仿真。

根据篮球计时计分器的电路功能要求利用 Proteus 软件绘制电路仿真图，应能够熟练设定绘图纸的大小、熟练进行元器件的查找与添加、合理摆放元器件在图纸中的位置，能够正确加载程序文件，能够熟练应用仿真软件中的仪器仪表，通过篮球计时计分器仿真图的绘制掌握 Proteus 仿真软件的使用方法。

3. 训练检查：表 7－3 所列为检查内容和检查记录。

表 7－3　检查内容和检查记录

检查项目	检查内容	检查记录
仿真电路图的绘制	（1）绘图纸大小的设定是否熟练	
	（2）元器件的查找与添加方法是否熟练	
	（3）元件位置的摆放是否合理	
	（4）电路图的布线是否合理	
	（5）元器件的属性设置和修改是否正确	
系统功能仿真	（1）程序的加载是否正确	
	（2）是否可以熟练根据需要修正电路图	
	（3）电路的仿真是否可以看到直观结果	
其他事项	（1）电路绘制是否符合工艺要求	
	（2）是否可以熟练使用仿真仪器仪表	
	（3）是否系统掌握了 Proteus 仿真软件的使用方法	

任务8　数字钟的印刷电路板设计与制作

【任务导读】

本任务通过数字钟的印刷电路板设计、感光法制作数字钟印刷电路板来讲解双面印刷电路板的基本设计和制作流程，包含了 PCB 板布局、PCB 板布线、PCB 覆铜、设置"泪滴"、PCB 电路板文字和图形的设置，制作设备和工具材料的准备、制作步骤等内容。通过本任务的学习旨在熟悉印刷电路板的设计事项和感光法制作印刷电路板的流程。

8.1　数字钟的印刷电路板设计

因数字钟的电路相对复杂,单层布线难以胜任,本例中采用双层布线的方法。双面板的设计与单面板的设计过程大致相同,只是设计要求稍高,难度略大。其设计步骤如下:

1. PCB 板布局

与扩音机 PCB 板的设计过程一样,首先要将数字钟的电路原理图绘制出来,根据元器件的实际尺寸将其封装做好,并添加到元器件参数设置选项中,然后将电路原理图网络表导入预先创建好的 PCB 编辑器中进行布局。Protel99 SE 软件提供了自动布局功能,但该功能并不能获得实际的理想效果,多数情况下要遵循一定的布局规则,采用手动布局进行反复的调整修改才可达到满意的效果。数字钟的布局要考虑到的因素除了"项目二"中所述内容外,还应考虑的因素有:

① 时钟器件应尽量靠近单片机相关引脚;

② 退耦电容应尽量靠近集成电路;

③ 轻触开关、电源插座等连接器件尽量放置在 PCB 板的边缘部分;

④ 用于显示的四位数码管应放在便于观看的合适位置。

⑤ 若电路中兼有通孔元件和贴片元件两种器件,则将发热量大的通孔器件放置在顶层;发热量小的元器件放置在底层(比如贴片电阻)。

⑥ 特别要注意的是,PCB 布局时,不要进行元件翻转操作,以免造成不必要的麻烦。

经过综合考虑,本例数字钟的布局采用图 8-1 的布局方式。由图中可看出:通孔元件全部布局在顶层,贴片元件布局在底层;轻触开关、排针和电源接口均布局在 PCB 板的边缘,数码管在 PCB 板的中上方。

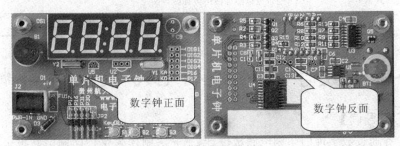

图 8-1　数字钟布局图

2. PCB 板布线

数字钟的布线规则如下:

① 信号线尽量短而粗,并尽量减少过孔数量;

② 上下两层线路尽量采用水平和垂直两种走线方式;

③ 尽量采用平滑 45°折线方式走线；

④ 地线与电源应进行加宽加粗处理。

根据上述布线规则，布线完成后的数字钟电路如图 8-2 所示。

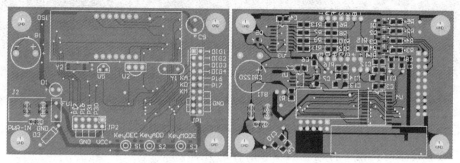

(a) 顶层布线　　　　　　　　　　(b) 底层布线

图 8-2　布线完成后的数字钟电路

3. PCB 覆铜

覆铜是指将 PCB 板上剩余的空间都覆上铜箔，并接到电路板信号线或电源线（地线）上，一般与地线相连，通过增大面积以降低地线电阻，从而隔离各信号线之间互相干扰，防止电路中产生的电磁幅射，以满足 EMC 技术要求。

用鼠标左键单击放置工具栏中的 □ 图标，弹出图 8-3 所示的对话框。设置好各项参数后，单击"OK"后用鼠标左键沿 PCB 板边框画一个闭合矩形即可形成大面积覆铜效果，如图 8-4 所示。本例中的大面积覆铜顶层接电源"V_{CC}"和底层接地线"GND"的方式。

图 8-3　放置覆铜对话框

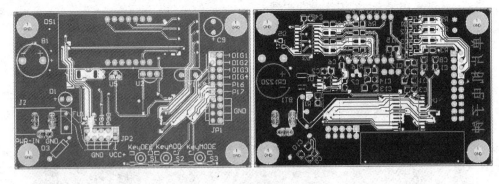

图 8-4 大面积覆铜后的 PCB 板

放置覆铜对话框中各选项的相关内容说明如下：

【Connect to net】：用于设定该覆铜所要连接的网络。

【Pour Over Same Net】：本选项用于设定覆铜时若遇到相同网络走线，是否直接覆盖。

【Remove Dead Copper】：本选项用于设定覆铜时是否要删除孤立而无法连接到指定网络的覆铜。

【Grid Size】：本栏用于设定覆铜的栅格间距，若设置为"0"，则为全铜覆盖。

【Track Width】：本栏用于设定覆铜的线宽，如果线宽大于或等于覆铜的栅格间距，电路板空白处将会敷满铜。

【Layer】：本栏用于设定覆铜的板层。

【LockPrimitives】：本选项用于设定该覆铜为整体的覆铜还是一般的走线，通常都要选择本选项。

【90-Degree Hatch】：本选项设定进行 90°线的覆铜。

【45-Degree Hatch】：本选项设定进行 45°线的覆铜。

【Vertical Hatch】：本选项设定进行垂直覆铜。

【Horizontal Hatch】：本选项设定进行水平覆铜。

【No Hatching】：本选项设定进行透空覆铜。

【Octagon】：本选项设定用八角形绕边。

【Arc】：本选项设定用圆弧绕边。

【Minimum Primitives Size】：本区域用于设定允许的最短覆铜线。

4. 设置"泪滴"

泪滴焊盘也称为泪珠焊盘，俗称"补泪滴"，是指印制板上的焊盘与铜箔走线之间用线连接为泪滴状，从而增强焊盘的机械强度，解决了焊盘与走线之间的连接容易断裂的问题。

执行菜单命令【Tools】/【Teardrops】，会弹出如图 8-5 所示的对话框。选择"Add"后单击"OK"即可将电路板的所有焊盘和过孔补上"泪滴"，也可以单独选择

"焊盘"或"过孔"进行"补泪滴"操作。由图 8 - 6 可以看出,补上泪滴后,印制导线在接近焊盘或过孔时,线宽逐渐放大,形状就像一个泪珠。

图 8 - 5 添加"泪滴"对话框

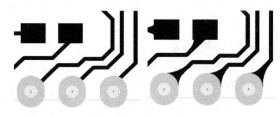

图 8 - 6 未添加和添加"泪滴"后的对比图

5. PCB 电路板文字和图形的设置

在设计 PCB 板的过程中有时需要将文字和图形制作在板面上作为有关说明和标注。Protel99SE 中的 PCB 编辑器放置字符串命令只能放置字母、数字和符号(放置中文时为乱码),并没有提供中文编辑功能,一般使用第三方工具来完成。这里介绍一款名为"bmp2pcb"的 PCB 图形转化软件,该方法不仅可以实现在 PCB 板中添加中文,亦可添加各种图形(图形必须为黑白 BMP 格式)。其具体使用方法如图 8 - 7 所示。

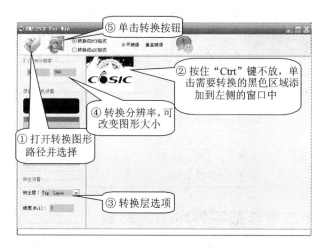

图 8 - 7 图"bmp2pcb"程序界面

① 选择需要转换的 BMP 图形。

② 用 CTRL＋左键点图片上需要转出来的颜色时可以看到颜色值已经添加到颜色列表(如果需要删除列表中的颜色用 CTRL＋右键点颜色列表就可以)。

③ 选择需要转换的 PCB 层面。

④ 设置转换精度,修改 X、Y 方向分辨率可以改变图形大小和精度,当分辨率为 1 000 时,图形上的 1 像素＝1mil,使用者可以以此类推。

⑤ 单击左上角的"转换"按钮后需要选择一个保存的 PCB 或 ASC 文件名然后就会进行转换了。

打开转换好的 PCB 图形文件,将其全部选中直接复制到需要的 PCB 电路板中并放置到合适的位置即可。

【巩固训练】

1. 训练目的:掌握印刷电路板的设计方法。

2. 训练内容:

① 绘制篮球计时计分器 PCB 图。

② 给篮球计时计分器 PCB 图加上标记。

利用所学知识进行篮球计时计分器印刷电路板的设计,通过本电路的设计加深 PCB 图的设计思路和设计方法,在进行设计时应重点考虑元件的布局、布线、覆铜及焊盘的设置。元件的布局应该做到疏密得当、美观大方、合理实用;布线要考虑电路抗干扰,电源和地线的设置要合理,布线的宽窄符合布线工艺,线路宽窄应适合手工制作;覆铜和焊盘的设置要符合电路布线工艺,焊盘的大小要适宜并且根据实际条件能够进行手工制作。除了基本的布局、布线等设计,还要考虑电路丝印层的设计,标识要清楚。

3. 训练检查:表 8-1 所列为 PCB 图的设计与绘制的检查内容和检查记录。

表 8-1　检查内容和检查记录

检查项目	检查内容	检查记录
PCB 图的设计与绘制	(1) PCB 板元件布局是否合理	
	(2) PCB 板布线是否合理	
	(3) 覆铜的设置是否正确	
	(4) 是否熟练掌握了印刷电路板的设计方法	
	(5) 丝印层的设置是否合理	
其他事项	(1) PCB 的绘制是否符合工艺要求	
	(2) 能否熟练使用 Protel 软件进行 PCB 图绘制	

8.2　感光法制作数字钟印刷电路板

感光法的原理是利用一种特殊的感光膜的感光原理,即未曝光的部分易溶于显影液中,而与紫外光发生聚合反应的已曝光部分不易溶于显影液的特性,以此在覆铜板上覆上一层蓝膜来制作印刷电路板的方法。相对热转印法而言,感光法的制作精度要高一些,但制作工艺也要复杂一些。

8.2.1　所需设备材料准备

感光法所需的部分设备材料如图 8-8 所示。

1. 制作设备

① 一台激光打印机、喷墨打印机或者一台复印机。

② 一台专业曝光机或者一盏 20 W 荧光台灯。

③ 一台专业过塑机。

④ 一个台钻，配直径 0.5～3 mm 的钻头。

2. 工具材料

① 一张菲林纸或者半透明硫酸纸。

② 一卷专业感光膜。

③ 一只油性记号笔。

④ 一瓶显影剂。

⑤ 一瓶三氯化铁及用于腐蚀的容器（不能为铁或铜材质）。

⑥ 一块覆铜板。

⑦ 一片钢锯条，一张细砂纸，一把美工刀。

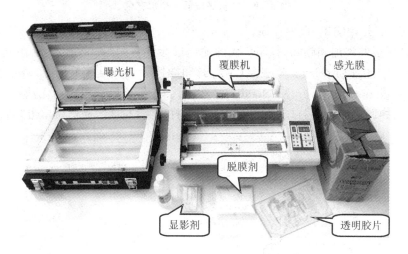

图 8-8　曝光法所需的部分工具材料

8.2.2　制作步骤

1. 打印透明胶片稿

由于感光膜被曝光部分是需要留出的部分，而未曝光部分是要被去除的。因此，打印透明胶片稿前需要先将 PCB 图做反色处理（负像处理），即黑色线路部分和白色去除部分作黑白反转。作反色处理有两种方法，一种方法是：先用 Protel 99SE 软件生成 Gerber 文件（一种国际标准的光绘格式文件），再使用一款 PCB 图形处理软件将 Gerber 文件导入到软件中进行反色处理。另一种方法则是通过在 Protel 99SE 软件中的打印设置直接生成的，方法较为简单实用，其具体方法如下：

① 打开 PCB 文件，单击屏幕下端的工作层面标签中的机械层。

② 用放置工具栏中的"矩形填充区"工具沿 PCB 图画一个比其边框稍大的矩形填充区将整个 PCB 图覆盖,如图 8-9 所示。

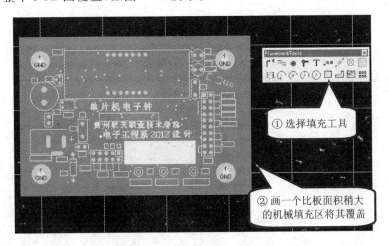

图 8-9 在机械层画一个填充区

③ 进入"打印输出"设置界面,如图 8-10 所示。修改打印输出层,即通过单击鼠标右键做层的添加和删除,打印负像的输出层通常为:Top layer 或 Bottom layer、Mechanical 4 和 Multi layer 这三层(请将打印顺序设置成从上到下为 Multi layer、Top layer 或 Bottom layer、Mechanical 4,否则会造成该层被覆盖而无法显示)。接着将"孔"选项打勾,设置打印比例为 1:1,选择打印为"灰度",完毕后单击"确定"。

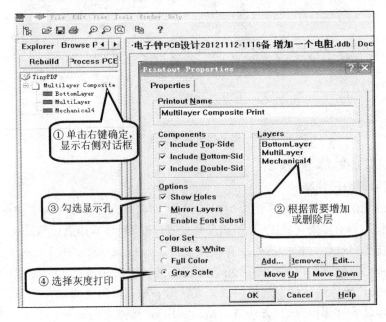

图 8-10 设置打印输出选项

④ 进入"优选设定"项进行彩色和灰度设置,这是最为关键的一步。将软件默认的各层颜色进行修改,如图 8 - 11 所示。其中:Top layer 设置为白色;Bottom layer 设置为白色;Mechanical 1 设置为黑色;Multi layer 设置为白色;Pad Holes 设置为黑色;Via Holes 设置为黑色。

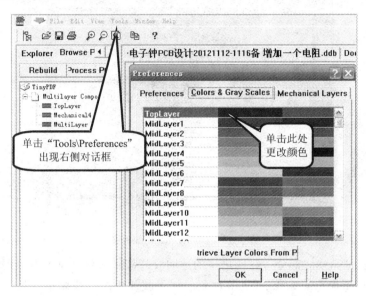

图 8 - 11　设置各层的颜色

⑤ 设定好各层颜色后就可以进行打印预览了。看到的效果应是这样的:保留的线路部分为白色,去除的部分为黑色,如图 8 - 12 所示。

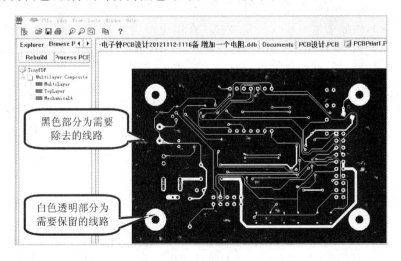

图 8 - 12　打印预览

⑥ 打印透明胶片稿　通过反色处理后的 PCB 图就可以进行打印了,为保证打

印质量,最好将打印机的分辨率设置成最高。透明胶片稿的打印质量是非常关键的一环,关系到制版的成败。打印用的透明胶片可以采用菲林纸或硫酸纸,打印好的透明胶片稿如图 8-13 所示。

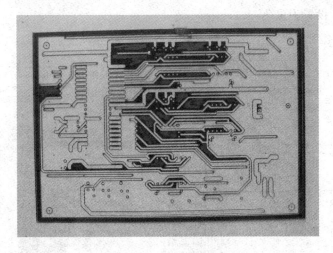

图 8-13　打印好透明胶片稿

　　⑦ 修补打印残缺部分　打印出来的透明胶片稿线路部分应该清晰,打印油墨或碳粉均匀,而不应出现断线、透光等现象。如果胶片稿出现线路透光残缺,可用记号笔进行涂覆,以保证下一步感光过程的顺利进行。

2. 覆感光膜

　　将裁剪好的覆铜板用砂纸打磨光亮并擦拭干净,准备贴覆感光膜。感光膜的结构分为三层:保护膜(向内卷曲,贴滚筒的一层膜)、感光膜以及载膜(靠外一层接触外界的一层膜),覆膜前需要将保护膜揭去。在覆膜过程中不能让感光膜起皱,否则会在膜中残留气泡,造成线路断开,因此,这是一个比较重要的环节。手工覆膜需要较高的技巧,极易造成覆膜失败,最好选择专用覆膜机覆膜。

3. 感光膜曝光

　　首先,把电路板放在下面,将打印好透明胶片稿放在覆铜板上面,将胶片与覆铜板对准,如果是双面板,最好在胶片中四角打上定位孔,以方便定位。然后用曝光机中的真空泵抽气对准,接着设定曝光时间进行曝光,注意曝光时间要合适,不宜过长或过短,一般在 70～90 s 之间,如图 8-14 所示。

4. 感光膜显影

　　此流程主要是去除非线路部分的感光膜,在曝光步骤中未曝光的感光膜,在这一过程结束后,非线路部分的铜板将重新显露出来。首先,要调配显影剂,用 10 g 的硫酸钠兑 400 mL 的水调制而成,然后将调配好的溶液倒入事先准备的容器中(显影粉用水化开后可长期保存在矿泉水瓶中,使用时直接倒出来就可以了)。显影时可根据显影速度快慢对浓度进行调整,首先将已曝光的感光板膜面上的载膜揭开,使剩下的感光膜暴露

胶片稿置于电路板上部

设定好曝光时间后开启

图 8 - 14　将感光膜放入曝光机中进行曝光

在外,然后将其面朝上放入显像液中(见图 8 - 15),显像过程需 1~2 min,每隔数秒摇晃容器,直到铜箔清晰可见且不再有绿色雾状冒气时即显像完成。此时需再静待几秒钟以确认显像百分之百完成。最后进行浸洗,将线路板放到清水盘中浸泡一会儿,不可放到水龙头下冲洗,不然线路会被冲断。显影好的印刷电路板如图 8 - 16 所示。

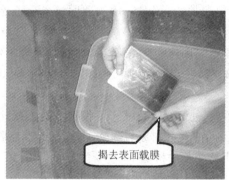

在显像剂中显影

揭去表面载膜

图 8 - 15　将覆好感光膜的电路板显影

图 8 - 16　显影好的印刷电路板

5. 后期工作

后期工作包括腐蚀、钻孔、打磨、涂松香酒精液等步骤,方法与热转印法相同。此外,感光膜干燥后是极难去除的,可用专用的脱膜粉溶液或氢氧化钠水溶液加温到50℃进行去除。

6. 制作过程中的要领

① 覆膜前应保证覆铜板清洁,若有杂物存在会影响感光膜在覆铜板上的附着力,显影时易发生膜的脱落。

② 不能在有阳光直射的环境下进行覆膜操作,否则会被完全曝光,导致感光膜作废。建议在暗房中进行覆膜操作,也可在低照度的室内进行。

③ 覆上去的感光膜必须平整、无气泡、无皱褶,否则感光膜与板不能紧密结合,在显影过程中即使已曝光的区域也会脱落。

④ 单面曝光需要一块遮光板垫于覆铜板下,防止灯光从下反射造成覆铜板背面被曝光。同时注意保持曝光机内载物玻璃板和真空吸透明遮罩表面的清洁。

⑤ 要保证胶片干净、完整,若有杂质,会影响曝光质量,甚至出现连线或断线。胶片表面除真空罩的透明胶面外必须无任何遮挡物,固定时用的透明胶条也不能贴在胶片的线路部分。

⑥ 曝光时间是影响感光膜图像质量的重要因素。曝光不足,抗蚀膜聚合不够,显影时胶膜溶胀、变软,线条不清晰,色泽暗淡,甚至脱胶;曝光过度,将产生显影困难,胶膜发脆,余胶等问题。

⑦ 显影液浓度过浓会造成线路脱落,浓度过低会导致显影不彻底。标准配比的显影溶液使用一段时间后会出现浓度下降的情况,可在原有显影时间的基础上略加时间,以保证显影效果。建议在显影时间明显变长的情况下,重新配置显影溶液。

【巩固训练】

1. 训练目的:掌握感光法制作印刷电路板的方法。

2. 训练内容:

① 准备感光法制作印刷电路板需要用到的设备和材料。

② 用感光法制作篮球计时计分器印刷电路板。

准备制作印刷电路板需要用到的设备和材料并进行电路板的制作,设备和材料在准备前应先列写清单,以方便准备,感光膜应妥善保管,以防曝光,应查验设备性能是否正常。在用感光法制作电路板时要做到细心,尤其在进行感光膜的覆盖、曝光和显影环节。另外,电路板的后期制作也很重要,包括腐蚀、钻孔、打磨、涂松香酒精液、去除感光膜等步骤,在制作过程中始终要做到安全第一,能够解决遇到的问题。

3. 训练检查:表8-2所列为制作印刷电路板的检查内容和检查记录。

表 8-2 检查内容和检查记录

检查项目	检查内容	检查记录
设备和材料	（1）设备的准备是否齐备	
	（2）材料的准备是否齐备	
印刷电路板的制作	（1）胶片的打印是否正确	
	（2）感光膜的曝光是否正确	
	（3）感光膜的显影是否正确	
	（4）电路板的后期制作是否正确	
其他事项	（1）制作过程是否时刻具备安全意识	
	（2）注意防止未用的感光膜曝光	
	（3）注意保管好显影剂等材料	

任务9 数字钟的整机装配与调试

【任务导读】

本任务通过数字钟整机装配与调试讲解单片机电子产品的基本装配与调试流程，包含了贴片"小元件"和贴片集成元件的焊接、调试工量器具的准备、安装驱动软件、烧录单片机程序等内容，通过本任务的学习旨在熟悉单片机电子产品的装配和调试流程。

9.1 数字钟的整机装配与调试

9.1.1 贴片"小元件"的焊接

这里所说的"小元件"是指贴片电阻、贴片电容、贴片三极管等体积较小、引脚较少的元器件。贴片元器件是无引线或短引线的微小型元器件，它的焊接与通孔元器件不一样，它是在没有通孔的印制板上安装焊接，在焊接过程中容易移动，不好定位，而且焊盘又小。常用的焊接方法有热风台焊接法和点焊法，此处采用最常用的点焊法进行焊接，下面讲解点焊法焊接数字钟贴片"小元件"的基本方法和步骤。

1. 焊盘镀锡

在焊接之前给焊盘的一端镀上少量的焊锡，目的是为了方便固定元件的一端，镀锡的方法比较简单，用常用的外热式电烙铁给焊盘镀锡即可，考虑到焊盘较小，焊锡丝直径在 0.3～0.5 mm 左右比较理想，如图 9-1 所示将数字钟电路板 R_5、R_2、R_4、R_3 右边的焊盘镀锡。

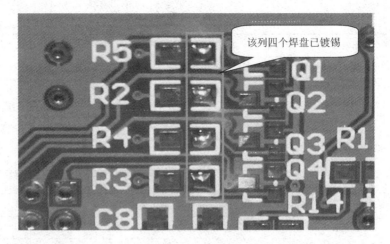

图 9 - 1　给焊盘镀锡

2. 将元件焊接在焊盘上

　　用镊子夹住贴片电阻器放在焊盘上,调整好位置,用镊子轻轻压住贴片元器件,电烙铁沾取少量松香(防止焊盘产生"拉尖")后加热已经镀锡的焊盘,固定一端,然后直接焊接元件的另一端,如图 9 - 2 所示将数字钟电路板 R_5、R_2、R_4、R_3 焊好。

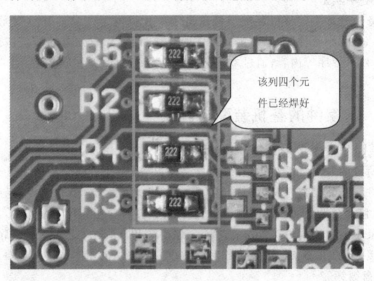

图 9 - 2　将元件焊接在焊盘上

　　根据上述方法将数字钟电路板上正反面的所有贴片电阻、贴片电容、贴片三极管、贴片轻触开关焊接完,如图 9 - 3 所示为焊完"小元件"后的数字钟反面,图 9 - 4 焊完"小元件"后的数字钟正面。其他未焊元件为数字钟的扩展功能,此处不做介绍。

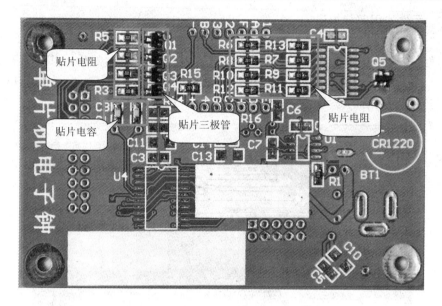

图 9 - 3 焊完"小元件"后的数字钟反面

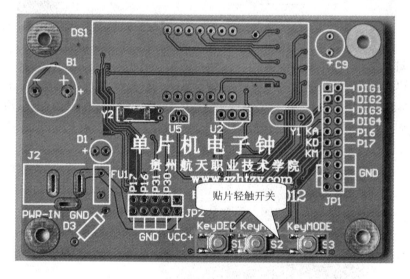

图 9 - 4 焊完"小元件"后的数字钟正面

9.1.2 贴片集成元件的焊接

贴片集成元件由于引脚很细且密度大,如果再采用普通的点焊法进行焊接难度较大,手工焊接此类元件常采用的方法是拖焊法。拖焊法是采用焊锡将引脚桥连,在桥连处涂上助焊剂,用烙铁头加热桥连处焊点,待焊锡熔化后缓慢向外拖拉,去除多余的焊锡,使桥连的焊点分开,下面通过拖焊法焊接数字钟的贴片元件。

1. 元件的固定与加锡

首先给贴片集成元件的对角线的两只引脚镀锡,将贴片集成元件放在 PCB 板上,对好位置,用电烙铁将已经镀锡的对角线的两只引脚固定,然后给其中的一侧引脚加锡,也就是用焊锡将其中一侧的引脚用焊锡加满,如图 9-5 所示为贴片单片机固定与一侧加锡后的样式。

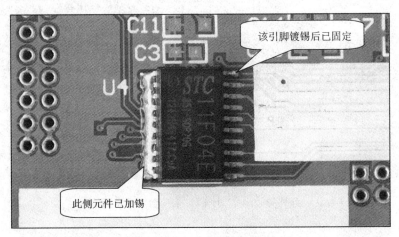

该引脚镀锡后已固定

此侧元件已加锡

图 9-5 元件的固定与加锡

2. 进行拖锡,去除多余焊锡

将 PCB 板倾斜放置,先将电烙铁沾少量松香,然后从已经加锡一侧的上端第一个引脚加热并向下拖动,使桥连的引脚分开,直至拖至最后一个引脚,用电烙铁将多余的焊锡带出,用同样的方法给另一侧的引脚加锡和拖锡,如图 9-6 所示为数字钟单片机两侧拖锡完成后的效果。

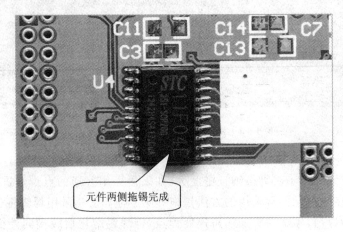

元件两侧拖锡完成

图 9-6 拖焊完成后的效果

通过"元件的固定与加锡"和"进行拖锡和去除多余焊锡"步骤将数字钟的

74HC595 和 DS1302 两个集成元器件进行焊接,数字钟用到的所有集成元件焊接完成后如图 9 - 7 所示。

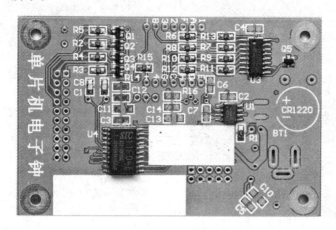

图 9 - 7 焊完集成元件后的效果

9.1.3 其他元件的焊接与装配

除了贴片元件外,该电子钟的设计还包含了数码管、自恢复保险丝等部分通孔元件和电源接口、编程接口等插接件,另外该电子钟还包含了上下两层有机玻璃保护板,下面予以说明。

1. 通孔元件与插接件的焊接

通孔元件与插接件的焊接相对比较容易,此处的焊接需要注意的是数码管的焊接,因为上面要安装有机玻璃板,所以在焊接数码管时最好先将 PCB 板四个角的固定螺母安装上,以比较其高度,其他元件的焊接按照常规的"整形"、"放置"等焊接步骤进行即可,焊接完通孔元件和插接件的数字钟正面如图 9 - 8 所示,反面如图 9 - 9 所示。

图 9 - 8 焊完通孔元件和插接件后数字钟正面

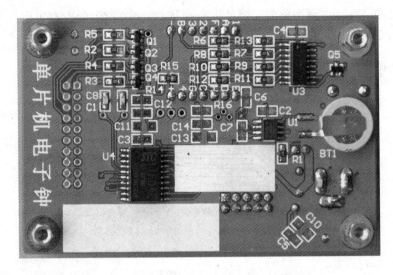

图 9 - 9　焊完通孔元件和插接件后数字钟反面

2. 安装有机玻璃外壳

① 撕去外层保护纸　有机玻璃板上下各有一层保护纸,在固定之前需要先撕下来,方法比较简单,从一角揭开后轻轻撕下来即可,如图 9 - 10 所示左侧为没撕下保护纸,右侧为撕下保护纸之后。

图 9 - 10　有机玻璃板保护纸

② 固定有机玻璃板　将撕去保护纸的有机玻璃板,用螺丝刀固定在 PCB 板上,固定时注意不要用力太大,以免将有机玻璃板压坏,固定好有机玻璃板后即完成了数字钟的整机装配,装配完成的数字钟正面如图 9 - 11 所示,反面如图 9 - 12 所示。

3. 数字钟装配注意事项

① 焊接时不要反复长时间对同一个焊点加热,以免将元件烫坏。

图 9 - 11　装配完成的数字钟正面

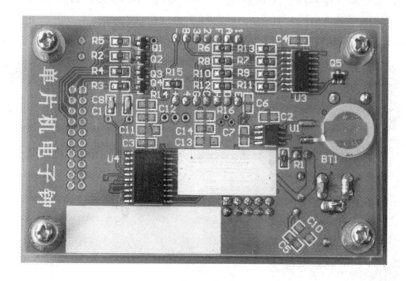

图 9 - 12　装配完成的数字钟反面

② 焊接集成元件时先将两个对角位置对齐,固定对角线的两个引脚,检查无误后进行后面的操作。

③ 焊接温度要适中,温度太低则拖锡困难,温度太高容易烫坏元件。

④ 拖锡完成后,仔细检查各个引脚是否有桥连,必要时可借助放大镜。

9.1.4　数字钟的整机调试

1. 准备好调试所要的工具和量具

（1）需要用到的软件

Keil C51 编译软件。该软件的使用方法在前面已经介绍过,主要作用是将用汇编语言或 C 语言编写好的程序编译成单片机能够识别的二进制(十六进制)文件。

STC-ISP 下载编程烧录软件。该软件用来将编译好的二进制(十六进制)写进单片机里面,该软件可以在 STC 单片机官网下载到最新版本。

编程器驱动程序。如果采用的是 USB 接口的编程线,则一般需要安装驱动软件,此次的程序调试可采用 USB 接口的编程线。

(2) 需要用到的工量器具

电子产品装接调试常用工具,如电烙铁、万用表、镊子、斜口钳等。

STC-ISP 编程器:该编程器的作用是将 PC 机的串口与单片机的串口通过一定的转换电路连接起来,实现单片机程序的烧录。对于没有串口的 PC 机或是笔记本,可以采用 USB 转串口的方式实现,该编程器结构简单,可购买成品,也可自制。

2. 安装驱动软件

此次程序下载可采用 USB 接口编程器,需要安装 USB 编程器驱动软件;如果采用的是 USB 转串口线,则需要安装相应的转换驱动程序;如果采用的是 STC 串口编程器,则无须安装编程驱动。下面以 USB 编程器驱动软件安装为例说明一下其安装步骤。

① 首先找到该驱动软件,双击安装,如图 9-13 所示。

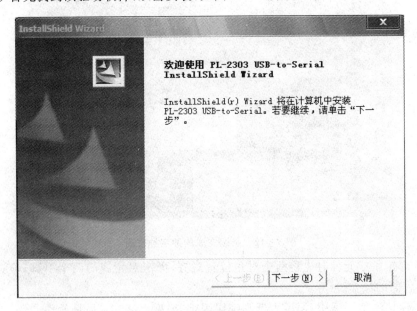

图 9-13　驱动程序的安装

② 然后单击"下一步"按钮,程序开始安装,如图 9-14 所示,单击完成即完成驱动软件的安装。

安装此驱动程序不用将编程线接入电脑的 USB 接口,如果安装前已经接入,完成软件安装后,将编程线取出来,重新接入即可。

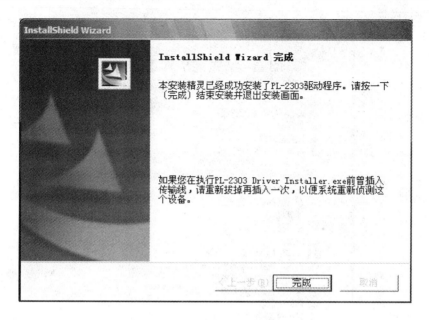

图 9 - 14 驱动程序安装完毕

③ 验证驱动程序是否安装正确。在电脑桌面右键点"我的电脑",选"属性",选项卡中选"硬件",选"设备管理器",如图 9 - 15 所示。

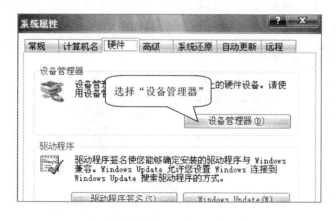

图 9 - 15 选择"设备管理器"

在"端口(COM 和 LPT)"分支下发现"Prolific USB－to－Serial Comm Port (COM4)"设备,如图 9 - 16 所示。其中的 COM4 为编程器 USB 的接口,如果换一个 USB 接口,相应端口号也会改变。

3. 烧录单片机程序

(1) 正确连接 USB 编程线与数字钟的接口

USB 编程线一端为 USB 接口,与电脑 USB 接口相连接;另一端有四个分支接口,分别是 VCC 接口、GND 接口、RxD 接口、TxD 接口,与单片机的相应接口相接即

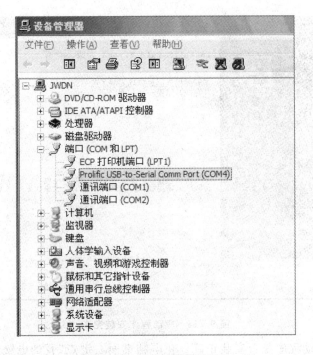

图 9 - 16 查看编程器端口号

可(STC11F04E 单片机的 RxD 接口为第 18 脚,TxD 接口为第 19 脚),如图 9 - 17 所示已将 USB 编程线和数字钟的相应接口连接好。

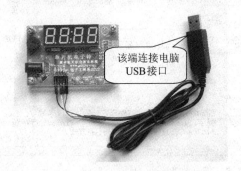

该端连接电脑 USB接口

图 9 - 17 将 USB 编程线连接好

(2) 运行"STC-ISP"程序烧录软件

STC-ISP 是一个绿色软件,直接解压缩即可使用,进入软件主目录,运行"stc-isp-v6.51.exe"即可运行程序,如图 9 - 18 所示为 STC-ISP 主界面。

STC-ISP 烧录软件包含很多功能,此处只介绍最基本的使用功能,感兴趣的读者可以去 STC 官网了解更多内容。在图 9 - 18 烧录软件主界面中,根据此次数字钟的实际情况需要设置以下内容。

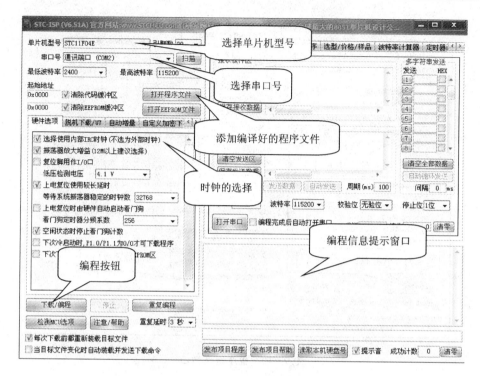

图 9 - 18　**STC-ISP 烧录软件主界面**

单片机型号:STC11F04E;串口号:Prolific USB-to-Serial Comm Port(COM4);添加编译好的程序文件:此处选择已经编译好的测试程序文件;时钟的选择:选择外部时钟。

设置好后,单击"下载/编程"按钮,程序开始初始化,然后给单片机断电后再上电(断开编程线的电源线再接上即可),程序开始下载,如图 9 - 19 所示程序已下载成功。

(3) 其他情况

以上是程序调试"顺利"的情况,实际操作时,可能会遇到很多问题,如果程序一直无法正常烧录,首先通过万用表来检测元器件焊接是否正确,然后检测编程线接口连接是否正确,编程软件中单片机型号的选择、串口号的选择是否正确,检测完以上情况,并解决出现的问题后,单击"下载/编程"后,记得将编程线的电源线先断开,再接通,必要时可以将"最高波特率"设置低些。

【巩固训练】

1. 训练目的:掌握单片机产品的整机装配与调试方法。

2. 训练内容:

① 对篮球计时计分器进行整机装配。

② 给篮球计时计分器烧录程序并进行调试。

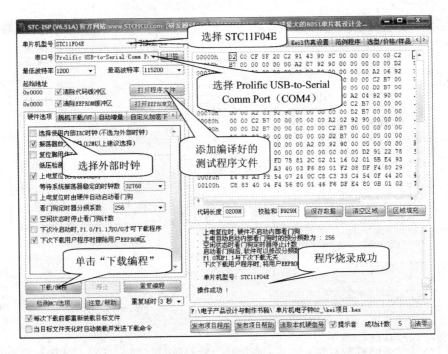

图 9-19　程序烧录窗口

在进行整机装配时要做到先小后大、先轻后重、先横向后纵向、先贴片后插件的基本原则,要注意元件的引脚顺序和极性,贴片元件的焊接要尤其小心,装配完成后要进行程序的烧录,在烧录程序时要看清楚编程器的引线功能,正确使用程序烧录软件进行程序烧录,烧录完程序后进行电路调试,整机如果不能够实现预定功能,要结合所学知识,通过分析和测量找出原因并予以解决。

3. 训练检查:表 9-1 所列为整机装配与调试的检查内容和检查记录。

表 9-1　检查内容和检查记录

检查项目	检查内容	检查记录
整机装配	(1) 贴片元件的装配是否正确	
	(2) 通孔元件的装配是否正确	
	(3) 其他元件的装配是否正确	
整机调试	(1) 调试工具准备是否到位	
	(2) 程序是否能够正确烧录	
	(3) 整机调试思路是否明确	
	(4) 解决问题的方法是否正确	
其他事项	(1) 整机装配与调试过程是否时刻具备安全意识	
	(2) 外壳的设计是否符合需要	
	(3) 是否具备独立思考解决问题的能力	

附　录

附录1　Protel 99SE 常用命令快捷键

设计导航浏览器快捷键	
单击鼠标左键	选中鼠标指向的文档
双击鼠标左键	打开并编辑鼠标指向的文档
单击鼠标右键	显示上下文相关的弹出式菜单
Ctrl＋F4	关闭活动文档
Ctrl＋Tab	在打开的文档间进行切换
鼠标拖放	将选取的文档从打开的一个工程移动到另外一个工程中
	将选取的文档从文件浏览器拖动到设计导航浏览器并作为自由文件打开
Alt＋F4	关闭 Protel DXP 设计导航浏览器
原理图和 PCB 图编辑通用快捷键	
Y	Y 向镜像对象
X	X 向镜像对象
Shift＋↑/↓/←/→	按照箭头方向将鼠标移动十个栅格
↑/↓/←/→	按照箭头方向将鼠标移动一个栅格
Space	停止屏幕重画
Esc	结束当前操作过程
End	重画当前屏幕
Home	以鼠标位置为中心重画屏幕
PgDn 或 Ctrl＋鼠标滚轮	缩　小
PgUP 或 Ctrl＋鼠标滚轮	放　大
鼠标滚轮	向上或者向下摇景
Shift＋鼠标滚轮	向左或者向右摇景
Ctrl＋Z	恢复操作
Ctrl＋Y	撤销操作
Ctrl＋A	选取所有对象
Ctrl＋S	保存当前文档
Ctrl＋C	复　制
Ctrl＋X	剪　切
Ctrl＋V	粘　贴
Ctrl＋R	复制并重复粘贴选取的对象

Delete	删除选取的对象
V+D	观察整个文档
V+F	将文档调整到适合显示图纸中所有元件的大小
X+A	方向选择所有对象
按下鼠标右键不放	光标变为手形,移动鼠标可移动整个图纸
单击鼠标左键	将对象设为焦点或者选择对象
单击鼠标右键	弹出浮动菜单或者取消当前的操作过程
双击鼠标左键	编辑对象
Shift+单击鼠标左键	选取/反选对象
Tab	在放置对象的时候按下可启动对象属性编辑器
Shift+C	取消当前过滤操作
Shift+F	启动【Find Similar object】命令
Y	弹出快速查询菜单
F11	打开或者关闭检视(Inspector)面板
F12	打开或者关闭列表(List)面板
原理图设计快捷键	
Alt	限制对象只能在水平或者垂直方向移动
G	在捕获栅格的各个设置值间循环切换使用
Space	以 90° 的方式旋转放置中的元件
Space	在添加导线/总线/直线时切换起点或者结束点的模式
Shift+Space	在添加导线/总线/直线过程中改变导线/总线/直线的走线模式
Backspace	在添加导线/总线/直线/多变形时删除最后一个绘制端点
按下鼠标左键不放+Delete	删除一条设为焦点的导线的一个端点
按下鼠标左键不放+Delete	为一条设为焦点的导线添加一个端点
Ctrl+按下鼠标左键不放并拖动	拖动连接到对象上的所有对象
PCB 设计快捷键	
Shift+R	在三种布线模式(Ignore,Avoid or Push Obstacle)间切换
Shift+E	打开/关闭电气栅格
Ctrl+G	启动捕获栅格设置对话框
G	弹出捕获栅格菜单
N	在移动元件的同时隐藏预拉线
指向元器件按住左键不放+L	将移动中的元件从当前元件面翻转到 PCB 板的另一元件面
退格键	在布铜线时删除最后一个拐角
Shift+空格键	在布铜线时切换拐角模式

空格键　　　*	布铜线时改变开始/结束模式
Shift＋S	切换打开/关闭单层显示模式
O＋D＋D＋Enter	选择草图显示模式
O＋D＋F＋Enter	选择正常显示模式
O＋D	显示/隐藏 Prefences 对话框
L	显示层板和颜色对话框
Ctrl＋H	选择连接铜线
Ctrl＋Shift＋Left－Click	打断线
＋	切换到下一层（数字键盘）
－	切换到上一层（数字键盘）
*	下一布线层（数字键盘）
M＋V	移动分割平面层顶点
Alt	避开障碍物和忽略障碍物之间切换
Ctrl	布线时临时不显示电气网格
Ctrl＋M 或 R－M	测量距离
Shift＋空格键	顺时针旋转移动的对象
空格键	逆时针旋转移动的对象
Q	米制和英制之间的单位切换
E-J-O	跳转到当前原点
E-J-A	跳转到绝对原点

附录 2　Protel 99SE 常用元件库

序　号	库文件名	元件库说明
1	Miscellaneous Devices. ddb Dallas Microprocessor. ddb Intel Databooks. ddb Protel DOS Schematic Libraries. ddb	原理图常用库文件
2	Advpcb. ddb General IC. ddb Miscellaneous. ddb	PCB 元件常用库
3	Protel Dos Schematic Analog Digital. Lib	模拟数字式集成块元件库
4	Protel Dos Schematic Comparator. Lib	比较放大器元件库

序　号	库文件名	元件库说明 ＊
5	Protel Dos Shcematic Intel. Lib	INTEL 公司生产的 80 系列 CPU 集成块元件库
6	Protel Dos Schematic Linear. lib	线性元件库
7	Protel Dos Schemattic Memory Devices. Lib	内存存储器元件库
8	Protel Dos Schematic SYnertek. Lib	SY 系列集成块元件库
9	Protes Dos Schematic Motorlla. Lib	摩托罗拉公司生产的元件库
10	Protes Dos Schematic NEC. lib NEC	公司生产的集成块元件库
11	Protes Dos Schematic Operationel Amplifers. lib	运算放大器元件库
12	Protes Dos Schematic TTL. Lib	晶体管集成块元件库 74 系列
13	Protel Dos Schematic Voltage Regulator. lib	电压调整集成块元件库
14	Protes Dos Schematic Zilog. Lib	齐格格公司的 Z80 系列 CPU 集成块元件库

附录 3　Protel 99SE 常用元器件的中英文对照表

序　号	元器件中文名	元器件英文名
1	电阻系列	res ＊
2	排　组	res pack ＊
3	电　感	inductor ＊
4	电　容	cap ＊ ,capacitor ＊
5	二极管	diode ＊
6	三极管系列	npn ＊ , pnp ＊ ,mos ＊ , MOSFET ＊ , MESFET ＊ ,jfet ＊ ,IGBT ＊
7	运算放大器系列	op ＊
8	继电器	relay ＊
9	8 位数码显示管	dpy ＊
10	电　桥	bri ＊ bridge
11	光电耦合器	opto ＊ ,optoisolator
12	光电二极管、三极管	photo ＊
13	模数转换、数模转换器	adc-8 ,dac-8
14	晶　振	xtal ,crystal oscillator
15	电　源	battery

序　号	元器件中文名	元器件英文名
16	扬声器	speaker
17	麦克风	mic *
18	小灯泡	lamp *
19	响　铃	bell
20	天　线	antenna
21	保险丝	fuse *
22	开关系列	sw *
23	跳　线	jumper *
24	变压器系列	trans *
25	可控硅	scr *
26	单排针座	head *
27	跳　线	jumper *

附录 4　Proteus 常用元件库与子元件库的中英文对照表

以下各表所列为 Proteus 常用元件库与子元件库的中英文对照表。

1. Analog ICs 模拟电路类 IC，如 78/79 系列三端稳压等（下属子类）

序　号	英文名称	中文名称
1	Amplifiers	放大器类
2	Comparators	比较器类
3	Display Drivers	显示驱动器类
4	Filters	滤波器类
5	Miscellaneous	杂合器件类
6	Multiplexers	多路器类
7	Regulators	三端稳压器件类
8	Timers	定时器类
9	Voltage References	参考电压类

2. Capacitors 电容器类（下属子类）

序　号	英文名称	中文名称
1	Animated	动画形式
2	Audio Grade Axial	音响专用径向轴引线电容
3	Axial Lead Polypropene	径向轴引线聚丙烯电容
4	Axial Lead Polystyrene	径向轴引线聚苯乙烯电容

续表

序　号	英文名称	中文名称
5	Ceramic Disc	陶瓷圆片电容
6	Decoupling Disc	退耦圆片电容
7	Electrolytic Aluminum	铝电解电容
8	Generic	普通电容
9	High Temp Radial	高温径向电容
10	High Temperature Axial Electrolytic	高温径向电解电容
11	Metallised Polyester Film	金属化聚酯膜电容
12	Metallised polypropene	金属化聚丙烯电容
13	Metallised Polypropene Film	金属化聚丙烯膜电容
14	Mica RF Specific	云母射频
15	Miniture Electrolytic	微型电解电容
16	Multilayer Ceramic	多层陶瓷
17	Multilayer Ceramic C0G	多层陶瓷 C0G
18	Multilayer Ceramic NPO	多层陶瓷 NPO
19	Multilayer Ceramic X5R	多层陶瓷 X5R
20	Multilayer Ceramic X7R	多层陶瓷 X7R
21	Multilayer Ceramic Y5V	多层陶瓷 Y5V
22	Multilayer Ceramic Z5U	多层陶瓷 Z5U
23	Multilayer Metallised Polyester Film	多层金属化聚酯膜电容
24	Mylar Film	聚酯薄膜电容
25	Nickel Barrier	镍栅电容
26	Non Polarised	无极性电容
27	Poly Film Chip	多片式
28	Polyester Layer	涤纶电容(聚酯层电容)
29	Radial Electrolytic	径向电解电容
30	Resin Dipped	树脂蚀刻电容
31	Tantalum Bead	钽电容
32	Tantalum SMD	钽贴片
33	Thin film	薄膜电容
34	Variable	可变电容
35	VX Axial Electrolytic	VX 轴电解电容

3. CMOS 4000 Series CMOS 4000 序列 IC(下属子类)

序　号	英文名称	中文名称
1	Adders	加法器
2	Buffers & Drivers	缓冲器和驱动器
3	Comparators	比较器
4	Counters	计数器
5	Decoders	译码器
6	Encoders	编码器
7	Flip-Flops & Latches	触发器和锁存器
8	Frequency Dividers & Timers	分频器和定时器
9	Gates & Inverters	门电路和反相器
10	Memory	存储器
11	Misc. Logic	杂合逻辑器件
12	Multiplexers	数据选择器
13	Multivibrators	多谐振荡器
14	Phase-Locked-Loops (PLLs)	锁相环
15	Registers	寄存器
16	Signal Switches	信号开关

4. Connectors 各类连接头，如 9 针串口、USB 接口等（下属子类）

序　号	英文名称	中文名称
1	Audio	音频接头
2	D-Type	D 型接头
3	DIL	双排插座
4	FFC/FPC Connectors	FFC / FPC 连接器
5	Header Blocks	插　头
6	Headers/Receptacles	头/插座
7	IDC Headers	IDC 头
8	Miscellaneous	各种接头
9	PCB Transfer	PCB 转接器
10	PCB Transition Connectors	印刷电路板连接器转换
11	Ribbon Cable	带　线
12	Ribbon Cable/Wire Trap Connector	带状电缆/导线座连接器
13	SIL	单排插座
14	Terminal Blocks	接线端子
15	USB for PCB Mounting	USB 座

5. Data Converters 数据变换器（下属子类）

序　号	英文名称	中文名称
1	A/D Converters	模数转换器
2	D/A Converters	数模转换器
3	Light Sensors	光电传感器
4	Sample & Hold	采样保持器
5	Temperature Sensors	温度传感器

6. Debugging Tools 调试工具（下属子类）

序　号	英文名称	中文名称
1	Breakpoint Triggers	断点触发器
2	Logic Probes	逻辑输出探针
3	Logic Stimuli	逻辑激励源

7. Diodes 二极管类（不包括发光二极管）（下属子类）

序　号	英文名称	中文名称
1	Bridge Rectifiers	整流桥
2	Generic	普通二极管
3	Rectifiers	整流二极管
4	Schottky	肖特基二极管
5	Switching	开关二极管
6	Transient Suppressors	瞬态抑制二极管
7	Tunnel	隧道二极管
8	Varicap	变容二极管
9	Zener	稳压二极管

8. ECL 10000 Series ECL 10000 系列 IC；

9. Electromechanical 机电类，如电机、风扇等；

10. Inductors 电感类，如电感、变压器等（下属子类）

序　号	英文名称	中文名称
1	Fixed Inductors	固定电感器
2	Generic	通　用
3	Multilayer Chip Inductors	叠层片式电感器
4	SMT Inductors	SMT 电感器
5	Surface Mount Inductors	表面贴装电感器
6	Tight Tolerance RF inductor	紧公差射频电感
7	Transformers	变压器

11. Laplace Primitives 拉普拉斯模型类（下属子类）

序　号	英文名称	中文名称
1	1st Order	一阶模型
2	2nd Order	二阶模型
3	Controllers	控制器
4	Non-Linear	非线性模型
5	Operators	运营商
6	Poles/Zeros	极点/零点
7	Symbols	符　号

12. Mechanics 机械类；

13. Memory ICs 存储类 IC(下属子类)

序　号	英文名称	中文名称
1	Dynamic RAM	动态数据存储器
2	EEPROM	电可擦写程序存储器
3	EPROM	可擦除程序存储器
4	I2C Memories	I^2C 总线存储器
5	Memory Cards	存储卡
6	SPI Memories	SPI 存储器
7	Static RAM	静态数据存储器
8	UNI/O Memories	UNI/O 存储器

14. Microprocessor ICs 微处理器类,如 8051 系列 IC、ARM 系列等(下属子类)

序　号	英文名称	中文名称
1	68000 Family	68000 系列
2	8051 Family	8051 系列
3	ARM Family	ARM 系列
4	AVR Family	AVR 系列
5	BASIC Stamp Modules	Parallax 模块
6	DSPIC33 Family	dsPIC33 系列
7	HC11 Family	HC11 系列
8	i86 Family	I86 系列
9	MSP430 Family	MSP430 系列
10	Peripherals	外　设

序　号	英文名称	中文名称
11	PIC10 Family	PIC10 系列
12	PIC12 Family	PIC12 系列
13	PIC16 Family	PIC16 系列
14	PIC18 Family	PIC18 系列
15	PIC24 Family	PIC24 系列
16	Z80 Family	Z80 系列

15. Miscellaneous 杂合元件，如保险丝、表头、电池等；

16. Modeling Primitives 建模源（下属子类）

序　号	英文名称	中文名称
1	Analog（SPICE）	模拟（仿真分析）
2	Digital（Buffers & Gates）	数字（缓冲器和门电路）
3	Digital（Combinational）	数字（组合电路）
4	Digital（Miscellaneous）	数字（杂合）
5	Digital（Sequential）	数字（时序电路）
6	Mixed Mode	混合模式
7	PLD Elements	可编程逻辑器件单元
8	Realtime（Actuators）	实时激励源
9	Realtime（Indicators）	实时指示器

17. Operational Amplifiers 运算放大器，如 741 等（下属子类）

序　号	英文名称	中文名称
1	Dual	双运放
2	Ideal	理想运放
3	Macro Model	常用运放
4	Octal	八运放
5	Quad	四运放
6	Single	单运放
7	Triple	三运放

18. Optoelectronics 光电类，如发光二极管、数码管、LCD 屏等（下属子类）

序　号	英文名称	中文名称
1	14-Segment Displays	14 段 LED 显示器
2	16-Segment Displays	16 段 LED 显示器

续表

序　号	英文名称	中文名称
3	7-Segment Displays	7 段显示器
4	Alphanumeric LCDs	字母数字液晶显示器
5	Bargraph Displays	光柱显示器
6	Dot Matrix Displays	点阵显示器
7	Graphical LCDs	图形液晶显示器
8	Lamps	灯
9	LCD Controllers	液晶控制器
10	LCD Panels Displays	液晶面板显示
11	LEDs	LED 灯
12	Optocouplers	光电耦合器
13	Serial LCDs	串行液晶显示

19. PICAXE 具有串行下载的微处理器芯片；

20. PLDs & FPGAs 可编程逻辑器件及现场可编程门阵列类；

21. Resistors 电阻类，如电阻、电位器、排阻等（下属子类）

序　号	英文名称	中文名称
1	0.6W Metal Film	0.6W 金属膜
2	10 Watt Wirewound	10W 线绕
3	2 Watt Metal Film	2W 金属膜
4	3 Watt Wirewound	3W 线绕电阻
5	7 Watt Wirewound	7W 线绕电阻
6	Chip Resistor	贴片电阻
7	Chip Resistor 1/10W 0.1%	片式电阻器 1/10W,0.1%
8	Chip Resistor 1/10W 1%	片式电阻器 1/10W,1%
9	Chip Resistor 1/10W 5%	片式电阻器 1/10W,5%
10	Chip Resistor 1/16W 0.1%	片式电阻器 1/16W,0.1%
11	Chip Resistor 1/16W 1%	片式电阻器 1/16W,1%
12	Chip Resistor 1/16W 5%	片式电阻器 1/16W,5%
13	Chip Resistor 1/2W 5%	片式电阻器 1/2W,5%
14	Chip Resistor 1/4W 1%	片式电阻器 1/4W,1%
15	Chip Resistor 1/4W 10%	片式电阻器 1/4W,10%
16	Chip Resistor 1/4W 5%	片式电阻器 1/4W,5%
17	Chip Resistor 1/8W 0.05%	片式电阻器 1/8W,0.05%

续表

序 号	英文名称	中文名称
18	Chip Resistor 1/8W 0.1%	片式电阻器 1/8W,0.1%
19	Chip Resistor 1/8W 0.25%	片式电阻器 1/8W,0.25%
20	Chip Resistor 1/8W 0.5%	片式电阻器 1/8W,0.5%
21	Chip Resistor 1/8W 1%	片式电阻器 1/8W,1%
22	Chip Resistor 1/8W 5%	片式电阻器 1/8W,5%
23	Chip Resistor 1W 5%	贴片电阻 1W,5%
24	Chip Resistor anti-surge 5%	贴片电阻防浪涌 5%
25	Generic	普通电阻
26	High Voltage	高压电阻
27	NTC	负温度系数热敏电阻;
28	PTC	热敏电阻
29	Resistor Network	电阻网络
30	Resistor Packs	电阻包
31	Variable	滑动变阻器
32	Varistors	压敏电阻

22. Simulator Primitives 仿真源类(下属子类)

序 号	英文名称	中文名称
1	Flip-Flops	触发器
2	Gates	门电路
3	Sources	电 源

23. Speakers & Sounders 扬声器及发声类,如喇叭、蜂鸣器等;

24. Switches & Relays 开关及继电器类,如各类开关、继电器、键盘等(下属子类)

序 号	英文名称	中文名称
1	Key Pads	键 盘
2	Relays(Generic)	普通继电器
3	Relays(Specific)	专用继电器
4	Switches	开 关

25. Switching Devices 开关类器件,如可控硅、双向触发二极管等(下属子类)

序 号	英文名称	中文名称
1	DIACs	双向触发二极管
2	Generic	普通开关器件
3	SCRs	单向可控硅
4	TRIACs	双向可控硅

26. Thermionic Valves 热离子真空管类（下属子类）

序　号	英文名称	中文名称
1	Diodes	二极真空管
2	Pentodes	五极真空管
3	Tetrodes	四极真空管
4	Triodes	三极真空管

27. Transducers 传感器类，如光敏电阻、热电偶等（下属子类）

序　号	英文名称	中文名称
1	Distance	距离传感器
2	Humidity/Temperature	湿度/温度传感器
3	Light Dependent Resistor（LDR）	光敏电阻（LDR）传感器
4	Pressure	压力传感器
5	Temperature	温度传感器

28. Transistors 晶体管类，如各类三极管、场效应管等（下属子类）

序　号	英文名称	中文名称
1	Bipolar	双极型晶体管
2	Generic	普通晶体管
3	IGBT	绝缘栅双极晶体管
4	JFET	结型场效应管
5	MOSFET	金属氧化物场效应管
6	RF Power LDMOS	射频功率 LDMOS 管
7	RF Power VDMOS	射频功率 VDMOS 管
8	Unijunction	单结晶体管

29. TTL 74 Series 74 系列 IC(标准型)；

30. TTL 74ALS Series 74ALS 系列 IC(先进低功耗肖特基)；

31. TTL 74AS Series 74AS 系列 IC(先进肖特基)；

32. TTL 74F Series 74F 系列 IC(高速)；

33. TTL 74HC Series 74HC 系列 IC(超高速 CMOS,CMOS 电平)；

34. TTL 74HCT Series 74HCT 系列 IC(超高速 CMOS,TTL 电平)；

35. TTL 74LS Series 74LS 系列 IC(低功耗肖特基)；

36. TTL 74S Series 74S 系列 IC(肖特基)；

附录 5 Proteus 常用元件的中英文对照表

序 号	英文名称	中文名称
1	AND	与 门
2	ANTENNA	天 线
3	BATTERY	直流电源(电池)
4	BELL	铃 钟
5	BRIDEG1	整流桥(二极管)
6	BRIDEG2	整流桥(集成块)
7	BUFFER	缓冲器
8	BUZZER	蜂鸣器
9	CAP	电 容
10	CAPACITOR	电 容
11	CAPACITOR POL	有极性电容
12	CAPVAR	可调电容
13	CIRCUIT BREAKER	熔断丝
14	COAX	同轴电缆
15	CON	插 口
16	CRYSTAL	晶 振
17	DB	并行插口
18	DIODE	二极管
19	DIODE SCHOTTKY	稳压二极管
20	DIODE VARACTOR	变容二极管
21	DPY_3-SEG	3 段 LED
22	DPY_7-SEG	7 段 LED
23	DPY_7-SEG_DP	7 段 LED(带小数点)
24	ELECTRO	电解电容
25	FUSE	熔断器
26	INDUCTOR	电 感
27	INDUCTOR IRON	带铁芯电感
28	INDUCTOR3	可调电感
29	JFETNN	沟道场效应管
30	JFETPP	沟道场效应管
31	LAMP	指示灯

序　号	英文名称	中文名称
32	LAMP NEDN	起辉器
33	LED	发光二极管
34	METER	仪　表
35	MICROPHONE	麦克风(话筒或传声器)
36	MOSFETMOS	管
37	MOTOR AC	交流电机
38	SW-DPDY	双刀双掷开关
39	SW-SPST	单刀单掷开关
40	SW-PB	按　钮
41	THERMISTOR	电热调节器
42	TRANS1	变压器
43	TRANS2	可调变压器
44	TRIAC	三端双向可控硅
45	TRIODE	三极真空管
46	VARISTOR	变阻器
47	ZENER	齐纳二极管
48	SW	开　关
49	SPEAKER	扬声器
50	SOURCE VOLTAGE	电压源
51	SOURCE CURRENT	电流源
52	SOCKET	插　座
53	PLUG AC FEMALE	三相交流插头
54	PLUG	插　头
55	SCR	晶闸管
56	RESPACK	电阻排
57	BRIDGE	桥式电阻
58	NPN	三极管
59	NPN－PHOTO	感光三极管
60	OPAMP	运　放
61	OR	或门
62	PHOTO	感光二极管
63	PNP	PNP 三极管
64	NPN DAR	NPN 三极管

附录 5 续表

序　号	英文名称	中文名称
65	PNP DAR	PNP 三极管
66	POT	滑线变阻器
67	PELAY-DPDT	双刀双掷继电器
68	RES1.2	电　阻
69	RES3.4	可变电阻
70	NOT	非门
71	NOR	或非门
72	NAND	与非门
73	MOTOR SERVO	伺服电机

参考文献

［1］卢孟常.电工电子技能实训项目教程.北京:北京大学出版社,2012.

［2］陈振源.电子产品制造技术.北京:人民邮电出版社,2007.

［3］陈强.电子产品设计与制作.北京:电子工业出版社,2011.

［4］朱清慧.Proteus 教程:电子线路设计、制版与仿真,2 版.北京:清华大学出版社,2011.

［5］胡启明.葛祥磊.Proteus 从入门到精通 100 例.北京:电子工业出版社,2012.

［6］孙福成.单片机原理与应用——KEIL C 项目教程(高职).西安:西安电子科技大学出版社,2012.